陪孩子玩 Scratch

启蒙篇

全三册

在游戏编程中培养计算思维

谢声涛 编著

中国青年出版社

图书在版编目（CIP）数据

陪孩子玩Scratch:在游戏编程中培养计算思维:全三册 / 谢声涛编著
. -- 北京:中国青年出版社,2021.5
ISBN 978-7-5153-6354-7

I.①陪... II.①谢... III.①程序设计-青少年读物 IV.①TP311.1-49

中国版本图书馆CIP数据核字（2021）第062851号

陪孩子玩Scratch——
在游戏编程中培养计算思维（全三册）

谢声涛 / 编著

出版发行:	中国青年出版社	印　刷	北京瑞禾彩色印刷有限公司
地　址:	北京市东四十二条21号	开　本	787×1092 1/16
邮政编码:	100708	印　张	20.5
电　话:	（010）59231565	版　次	2021年8月北京第1版
传　真:	（010）59231381	印　次	2021年8月第1次印刷
企　划:	北京中青雄狮数码传媒科技有限公司	书　号	ISBN 978-7-5153-6354-7
		定　价	128.00元（全三册）（附赠独家秘料,含案例素材文件）

策划编辑:	张　鹏
执行编辑:	王婧娟
营销编辑:	时宇飞
责任编辑:	张　军
封面设计:	乌　兰

本书如有印装质量等问题，请与本社联系
电话:（010）59231565
读者来信: reader@cypmedia.com
投稿邮箱: author@cypmedia.com
如有其他问题请访问我们的网站: http://www.cypmedia.com

INTRODUCTION
内容简介

少儿学编程，就从Scratch开始吧！《陪孩子玩Scratch：在游戏编程中培养计算思维》是专门为8岁以上零基础中小学生编写的Scratch 3.0编程入门教材。本书分为启蒙篇、入门篇和提高篇三部分，共16章。第一部分通过游戏闯关式课程和任务驱动式课程进行编程启蒙教育，让孩子在自主探索中锻炼观察能力和抽象思维能力，逐步掌握顺序、循环、分支和函数等程序设计的基础知识；第二、三部分通过PBL项目式学习课程进行Scratch编程基本知识和高级技术的学习，使用任务分解和原型系统的方法降低探索学习的难度，让青少年在学习创作趣味游戏项目的过程中潜移默化地培养计算思维，掌握人工智能时代不可或缺的编程能力。

本书适合作为8岁以上零基础中小学生的编程入门教材，也适合作为所有对图形化编程感兴趣的青少年的自学教材。

前言

PREFACE

　　人工智能时代悄然而至，编程被推上时代浪潮之巅。在教育领域，世界各地都在大力推进青少年编程教育的普及，一些国家甚至已经将编程列为中小学的必修课。

　　有一句话大家都很熟悉："计算机普及要从娃娃抓起"。编程也是如此，在中小学阶段就可以开展编程教育，培养和提高学生的信息素养。随着经济和科技水平的提高，每个人拥有一台计算机不再是梦想。身处信息时代，编程成为了一个人现代知识体系的重要组成部分，是和阅读、写作一样重要的基本技能。除了母语、外语，我们还应该掌握一种或多种编程语言，如Scratch、Python、C、C++等。在众多的编程语言中，图形化编程语言Scratch往往是广大中小学生学习的第一种编程语言。

　　《陪孩子玩Scratch：在游戏编程中培养计算思维》是专门为8岁以上零基础的中小学生编写的Scratch 3.0编程入门教材，集游戏闯关式课程、任务驱动式课程和PBL项目式学习课程于一体，鼓励青少年通过自主探索学习的方式构建Scratch编程的知识体系，使其在创作趣味游戏项目的过程中潜移默化地培养计算思维，掌握人工智能时代不可或缺的编程能力，成为未来科技的创造者。

本书特点

1. 本书是低起点、零基础的Scratch编程入门教材，适合家长陪伴孩子边玩边学，主动探索和创作有趣的项目，沿着"启蒙–入门–提高"的路径学习和掌握Scratch编程技术。

2. 本书采用游戏闯关式课程和任务驱动式课程进行编程启蒙教育，能够让孩子在自主探索中锻炼观察能力和抽象思维能力，逐步掌握顺序、循环、分支和函数等程序设计的基础知识。

3. 本书基于趣味游戏案例设计PBL项目式学习课程，能够激发孩子的学习内驱力，让孩子通过自主探索掌握Scratch编程的基本知识和高级技术，并且通过任务分解和原型系统降低了探索学习的难度，进而使孩子能够制作出完整而复杂的Scratch项目。

4. 本书设有"知识扩展"栏目，能够让孩子进一步学习与项目相关的编程知识和编程思想，弥补PBL项目式学习的短板，以使孩子系统地掌握Scratch编程知识和进行技术储备，进而自主地扩展现有项目或创作新项目。

5. 本书案例程序采用最新版本的Scratch 3.0软件编写，同时兼容有道卡搭Scratch 3.0在线版等替代软件。

 ## 本书主要内容

本书分为启蒙篇、入门篇和提高篇三部分，内容由浅入深、循序渐进，建议初学者按照顺序进行阅读和学习，打好编程基础。

第一部分是启蒙篇，安排4章内容。首先，介绍Scratch软件的安装方法、界面布局和基本的编程操作；然后，通过"经典迷宫"主题的游戏闯关式课程进行编程启蒙教育，让孩子跟随"愤怒的小鸟"游戏中的角色一起学习顺序、循环和分支等程序

设计的基础知识；接着，通过"海龟谜图"主题的任务式课程训练观察能力和抽象思维能力，让孩子掌握如何使用画笔积木绘制9个从易到难的几何图形；最后，引导孩子利用模块化思想创作"花猫接鸡蛋""欢乐打地鼠"和"鲨鱼吃小鱼"三个小游戏，感受Scratch编程的乐趣。

第二部分是入门篇， 安排6章内容。通过6个简单的Scratch项目（"新兵介绍""士兵出击""敌人在哪里""射击训练""拆弹训练""小冰的回忆"），学习运用运动、外观、声音、事件、控制、侦测、运算、变量、自制积木等模块制作项目，并掌握Scratch的坐标和方向系统、角色的外观切换、角色运动和碰撞检测、广播和接收消息、图像特效的使用等编程技术。在"知识扩展"栏目中，孩子将进一步学习事件驱动编程模式、变量和表达式、列表的使用、碰撞检测的多种方式、数字和逻辑运算等内容，以及利用广播消息和自制积木实现分而治之的编程策略。

第三部分是提高篇， 安排6章内容。孩子将利用功能分解、原型系统等方法制作6个难度中等或复杂的Scratch项目（"登陆月球""停车训练""导弹防御战""高炮防空战""深海探宝""疯狂出租车"），涉及火焰特效和照明特效的制作、屏幕滚动、关卡设计等高级编程技术。在"知识扩展"栏目中，孩子将进一步学习按键事件与按键侦测、优化碰撞检测、面向对象编程模式、列表的高级用法等内容，以及制作地图编辑器和游戏框架的方法。本篇将通过大型Scratch项目的设计与实践，有效地锻炼和提高孩子的编程能力。

学习资源

(1) 本书资源下载

本书附带的资源包括各个案例的程序文件和素材，读者可关注微信公众号"小海豚科学馆"，选择菜单中的"资源/图书资源"选项就能得到资源包的下载方式。

(2) 在线答疑平台

本书提供QQ群（149014403）、微信群和"三言学堂"知识星球社区等多种在线平台为读者解答疑难和交流学习。添加微信号（87196218）并说明来意，可获得进入微信群和"三言学堂"知识星球社区的邀请。由于作者水平所限，本书难免会有错误，敬请读者朋友批评指正。

(3) 进阶学习图书

在学习完本书之后，推荐使用以下两本教材继续学习Scratch编程，以进一步提高编程水平，为以后参加Scratch编程等级考试或编程大赛打下扎实的基础。

◇《Scratch编程从入门到精通》（ISBN：978-7-302-50837-3，清华大学出版社）。

◇《"编"玩边学：Scratch趣味编程进阶——妙趣横生的数学和算法》（ISBN：978-7-302-49560-4，清华大学出版社）。

本书适用对象

本书适合作为8岁以上零基础中小学生的编程入门教材，也适合作为所有对图形化编程感兴趣的青少年的自学教材。建议低龄小学生由家长陪伴进行学习，共同感受编程的神奇魅力。

千里之行，始于足下。现在就开始踏上奇妙的Scratch编程之旅吧！

谢声涛　2020年9月

目录 # CONTENTS

第一部分 启蒙篇

第 1 章

准备开始 ·················· 2

◇ Scratch 简介 ··············· 2

◇安装 Scrartch ·············· 2

◇认识 Scratch ··············· 4

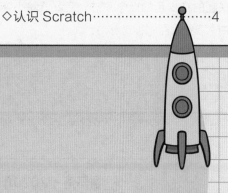

第 2 章

经典迷宫 ················ 10

◇ 准备工作 ················· 10

◇第 1 关　前进，前进 ············ 12

◇第 2 关　前进，前进，前进 ········ 14

◇第 3 关　走过一道弯 ············ 15

◇第 4 关　走过两道弯 ············ 17

◇第 5 关　走过三道弯 ············ 19

◇第 6 关　巧抓笨猪 ············· 21

◇第 7 关　巧过七道弯 ············ 24

◇第 8 关　向着猪头一直前进 ······· 26

◇第 9 关　循环的嵌套 ············ 28

◇第 10 关　巧妙向左转 ··········· 30

◇第 11 关　巧妙向右转 ··········· 32

◇第 12 关　向左转，向右转 ········ 34

◇小结 ···················· 37

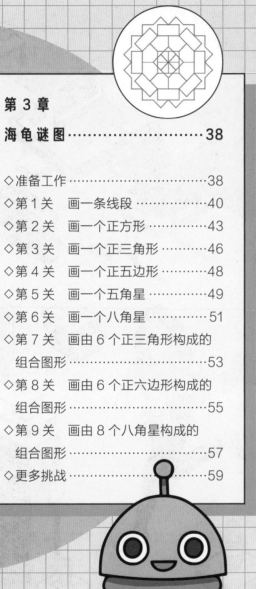
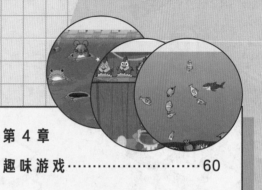

第 3 章

海龟谜图·····················**38**

◇ 准备工作 ·······················38
◇ 第 1 关　画一条线段 ···········40
◇ 第 2 关　画一个正方形 ·········43
◇ 第 3 关　画一个正三角形 ·······46
◇ 第 4 关　画一个正五边形 ·······48
◇ 第 5 关　画一个五角星 ·········49
◇ 第 6 关　画一个八角星 ·········51
◇ 第 7 关　画由 6 个正三角形构成的
　　　　　组合图形 ···········53
◇ 第 8 关　画由 6 个正六边形构成的
　　　　　组合图形 ···········55
◇ 第 9 关　画由 8 个八角星构成的
　　　　　组合图形 ···········57
◇ 更多挑战 ·······················59

第 4 章

趣味游戏·····················**60**

◇ 项目 1　花猫接鸡蛋 ···········60
　项目描述 ·······················60
　准备工作 ·······················61
　积木说明 ·······················62
　项目制作 ·······················63
　运行程序 ·······················69
◇ 项目 2　欢乐打地鼠 ···········69
　项目描述 ·······················69
　准备工作 ·······················70
　积木说明 ·······················70
　项目制作 ·······················72
　运行程序 ·······················76
◇ 项目 3　鲨鱼吃小鱼 ···········76
　项目描述 ·······················76
　准备工作 ·······················77
　积木说明 ·······················78
　项目制作 ·······················79
　运行程序 ·······················85
◇ 小结 ···························85

PART I

启蒙篇

01

第1章

准备开始

Scratch 简介

　　Scratch是一款在全世界青少年中广泛流行的图形化编程软件，可以用来创作游戏、动画、故事等类型的互动媒体作品。在创作Scratch作品的过程中，孩子们能够学习如何创造性思考、系统化分析和分工合作完成事情，这些都是人们在现代社会中需要具备的基本能力。

　　Scratch虽然是为8到16岁的中小学生设计的，但几乎所有年龄的人都在使用。使用Scratch的用户涵盖了各学习阶段（从小学到大学）、各学习领域（数学、计算机科学、语言艺术、社会研究等）。低龄儿童可以使用ScratchJr软件学习编程，这是为5至7岁的孩子设计的简化版Scratch。

　　Scratch软件的最新版本是Scratch 3.0，发布于2019年1月。它扩展了Scratch的使用方式、功能和适用环境，其中包括几十个新的角色、全新的声音编辑器和许多新的编程积木。除了支持桌面计算机和笔记本计算机外，用户还可以在平板计算机上使用Scratch 3.0创作和观看作品。

　　Scratch是一个开源软件，国内的商业公司基于Scratch开发了一些衍生版本，如Mind+、Kittenblock、慧编程等。这些Scratch的衍生版本增加了人工智能领域的应用，可以帮助青少年开展在AI图像识别、机器学习等方面的探索与学习。

　　本书使用原生的Scratch 3.0软件来讲授编程知识，读者也可以根据个人喜好使用有道卡搭Scratch在线版、Mind+、Kittenblock等Scratch的衍生版本进行编程。

安装 Scratch

　　为了流畅运行Scratch软件，用户使用的操作系统需要是Windows 10以上版本，或者macOS 10.13以上版本。

Scratch软件有在线版和离线版两种形式。Scratch在线版可以直接在网络浏览器中使用，不需要进行安装。例如，网易有道卡搭社区（https://kada.163.com）提供了Scratch在线编程创作功能，访问有道卡搭首页，在导航菜单的"创作"菜单中选择Scratch 3.0选项，就可以打开Scratch在线编辑器创作Scratch作品了。

Scratch离线版可以摆脱网络的制约，只要将Scratch软件安装到本地磁盘上，就可以随时创作自己的作品，这种方式更适合国内用户。

Windows 10用户可以到微软应用商店中搜索"scratch"，然后在搜索结果中找到Scratch Desktop软件并按提示进行安装，如图1-1所示。在安装过程中可能会出现链接丢失的错误，重试几次即可安装成功。

图1-1　通过微软应用商店安装Scratch软件

macOS用户可以到苹果应用商店中搜索"scratch"，然后在搜索结果中找到Scratch Desktop软件并按提示进行安装，如图1-2所示。

图1-2　通过苹果应用商店安装Scratch软件

通过微软应用商店或者苹果应用商店可以安装最新版本的Scratch 3.0软件，如果想安装Scratch 2.0软件或者是某个特定版本的Scratch软件，请访问微信公众号"小海豚科学馆"并发送关键字"Scratch"，获取Scratch软件各个版本的下载链接。

认识 Scratch

Scratch软件支持40多种语言。在启动Scratch软件时，它能够自动识别用户操作系统的语言环境，并切换到对应的语言界面。在某些情况下，Scratch可能无法自动切换到简体中文界面，这时就需要手动进行设置。

单击Scratch编辑器顶部菜单栏左侧的地球图标，在下拉菜单中选择"简体中文"选项，就可以将Scratch编辑器切换到简体中文界面，如图1-3所示。

下面我们将对Scratch 3.0软件的各组成部分进行介绍。

图1-3 选择"简体中文"

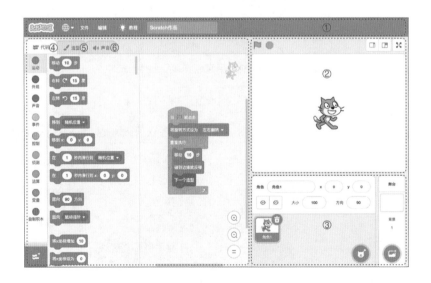

图1-4 Scratch 3.0编辑器界面

Scratch编辑器由菜单栏①、舞台区②、角色和舞台管理区③、代码编辑区④、造型（或背景）编辑区⑤、声音编辑区⑥等部分构成，如图1-4所示。

菜单栏

在菜单栏中，用得最多的是"文件"菜单，它由"新作品""从电脑中上传""保存到电脑"3个命令组成。

执行"新作品"①命令，可以从头开始创作一个Scratch项目；执行"从电脑中上传"②命令，可以打开一个存放在本地磁盘上的Scratch项目文件（扩展名为.sb3）；执行"保存到电脑"③命令，可以将当前创作的Scratch项目保存到本地磁盘上，如图1-5所示。

图1-5　菜单栏中的"文件"菜单

舞台区

启动Scratch软件后，舞台上默认会出现一只作为Scratch吉祥物的小猫咪。你可以按照自己的想法，让更多角色加入舞台，然后编写代码控制它们在舞台上活动。

通过舞台区中的工具栏，可以控制Scratch项目的运行或停止，调整舞台的大小。工具栏上有5个按钮，分别是运行项目①、停止项目②、小舞台③、大舞台④和全屏⑤，如图1-6所示。

图1-6　舞台工具栏

角色和舞台管理区

要创作精彩的Scratch作品，需要添加各种
角色和背景图片。图1-7在角色列表中加入了小
猫、小狗和小企鹅三个可爱的卡通角色。其中，
小猫角色处于选中状态，它的信息出现在属性
面板中，这些信息包括：角色的名字、角色的x
坐标、角色的y坐标、角色的显示或隐藏、角色
的大小和角色的方向。通过角色属性面板，可
以修改上述信息。

图1-7　角色和舞台管理区

通过单击角色的缩略图或舞台背景的缩略
图，可以在代码编辑区、造型（或背景）编辑区、声音编辑区中加载选中角色（或舞台）的代码、
造型（或背景）和声音资源，然后对它们进行编辑处理。

工作区域

通过单击"代码""造型""声音"这三个选项卡，可以
将工作区域切换为代码编辑区、造型编辑区或者声音编辑
区，如图1-8所示。

图1-8　编辑区切换选项卡

使用Scratch软件创作作品，主要工作是对代码、造型
和声音进行编辑处理。其中，最为重要的工作就是在代码编辑区中编写控制角色活动的代码，这也
称之为编程。在Scratch软件中进行编程，就是将不同类型的积木按照一定的逻辑关系组合在一起，
从而得到能够完成某种功能的程序。

在代码编辑区的左侧是积木分类列表，默认展示运动、外观、声音、事件、控制、侦测、运
算、变量和自制积木9个常用的模块，如图1-9所示。单击这些模块，与其相邻的积木列表中就会显
示这个模块包含的一组积木。

图1-9　9个常用模块

在Scratch软件中进行编程，以鼠标操作为主，键盘操作为辅。编程时，先从屏幕左侧的积木列表中找到需要的积木，然后将其拖到右侧的代码区中放置。在代码区中，要按照一定的逻辑关系将各个积木拼接成一个程序，有的积木需要通过键盘输入一些参数。代码编写完毕，单击舞台上方的"运行"按钮（绿旗），即可运行程序，然后在舞台中查看实现的效果。

练习操作积木

要使用Scratch编程，先要学会积木的拖放、拼接和删除等基本操作。

拖放积木：单击屏幕左侧的"事件"模块，然后用鼠标将"当▶被点击"积木拖动到代码区，这样就完成了一个拖放积木的过程，如图1-10所示。

图1-10　拖动积木到代码区

拼接积木：单击屏幕左侧的"外观"模块，然后用鼠标将"说(你好！)2秒"积木拖动到代码区。当拖动这个积木靠近"当▶被点击"积木时，在两个积木之间会出现一个积木阴影，这时松开鼠标左键，就可以将两个积木拼接在一起，如图1-11所示。

此时在代码区中的两个积木构成了一个简单的程序，单击舞台上方的"运行"按钮▶就能运行这个程序。该程序的运行结果是，让舞台上的小猫角色以漫画风格的气泡框显示"你好！"，如图1-12所示。

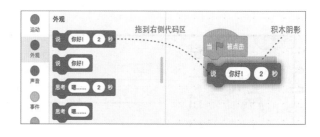

图1-11　拖动积木到代码区与其他积木拼接在一起

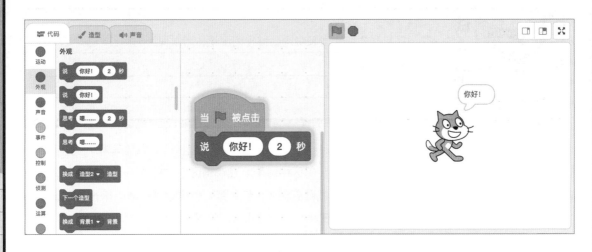

图1-12　查看运行效果

删除积木：将鼠标指针移动到"说（你好！）2秒"积木上，然后单击鼠标右键，就会弹出一个快捷菜单。这时选择菜单中的"删除"命令，就可以删除该积木，如图1-13所示。

另外，从代码区中将一个积木拖动到屏幕左侧的积木列表中，也能将该积木删除。

图1-13　删除积木

练习积木的拖放、拼接和删除。从屏幕左侧的积木列表中，随意拖动一些积木到代码区，将它们拼接在一起，或者将某个积木删除。

Note

—— 读书笔记 ——

Note 1   Date_____

○

○

○

○

○

○

Note 2   Date_____

○

○

○

○

○

○

Note 3   Date_____

○

○

○

○

○

○

第2章 经典迷宫

编程无难事，只怕有心人。本章的"经典迷宫"课程借鉴Code.org中的同名课程，旨在让初学者快速上手Scratch编程。现在，让我们和来自"愤怒的小鸟"中的角色一起学习计算机科学的基础知识吧！

准备工作

（1）请阅读本书的前言，从中获取配套资源包的下载方式。然后，将下载的资源包解压缩，从中找到"经典迷宫.sb3"项目文件。

 项目路径： 资源包/第2章 经典迷宫/经典迷宫.sb3

（2）从Windows桌面启动Scratch软件，接着在菜单栏中执行"文件"①→"从电脑中上传"②命令，如图2-1所示。然后在弹出的对话框中找到并选择"经典迷宫.sb3"项目文件，以打开经典迷宫的项目文件。

图2-1 执行"从电脑中上传"命令

（3）在界面右侧上方的舞台中有12个圆形按钮，分别代表12个不同的任务，单击某个圆形按钮，就能切换到相应的任务地图，如图2-2所示。

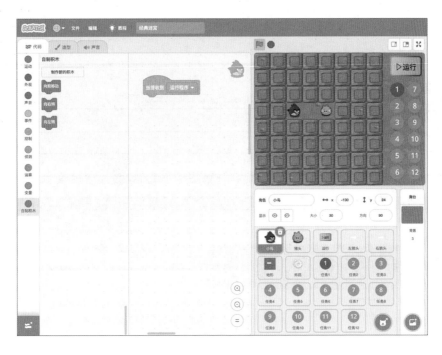

图2-2 "经典迷宫"项目界面

（4）界面右侧下方是角色列表区，在使用"经典迷宫"的过程中，要让小鸟角色 始终处于选中状态，仅允许在小鸟角色的代码区中编写代码。

（5）界面左侧是积木分类列表，在完成"经典迷宫"任务时，只需要使用"事件""自制积木""控制"和"侦测"这四个模块中的一些积木，如图2-3所示。

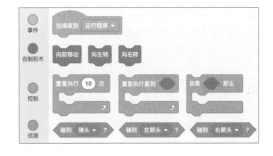

图2-3 "经典迷宫"积木列表

> ❗ **注意：** 不要单击小鸟缩略图右上方的垃圾桶图标，否则会删除小鸟角色。如果不小心删除了小鸟角色或其他角色，请重新打开"经典迷宫.sb3"项目文件。

（6）界面中间是代码区，要完成某个任务，可以从左侧的积木列表中拖动需要的积木到代码区，将它们拼接在  积木的下面，组织成一个程序。

（7）代码编写完成后，单击舞台上的 ▷运行 按钮，以执行代码区中的程序。若执行任务失败，请单击 ↻重置 按钮，然后思考代码是否有误，并进行修改。之后，再重新运行程序。

好了，准备完毕，让我们开始有趣的迷宫之旅吧！

试一试
HAVE A TRY

请找一找图2-3中的这些积木分别藏在积木列表中的哪个位置？

_____

_____

第1关 前进，前进

任务说明

第1关：你可以帮我抓住这只淘气猪吗？把两个"向前移动"积木拼接在一起，然后单击"运行"按钮来帮我到达那里。任务地图见图2-4。

积木说明

舞台中的迷宫由许多个格子构成，小鸟每次能够向前移动一个格子，并且不能碰到障碍物。

利用"向前移动"积木 向前移动 ，能够让小鸟每次向前移动一格。

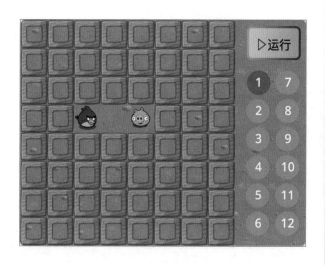

图2-4 第1关任务地图

编写代码

数一数，小鸟向前走几格才能到达淘气猪的位置？

在舞台的迷宫中，小鸟距离淘气猪两个格子，只要向前走两格，就能抓住那只小猪。

请按如下步骤编写代码。

第1步： 在角色列表区选中小鸟角色的缩略图 ，以切换到小鸟角色的代码区。

第2步： 在小鸟角色的代码区中找到 当接收到 运行程序 积木，在它下面添加两个 向前移动 积木，这样就能够完成抓住小猪的任务，如图2-5所示。

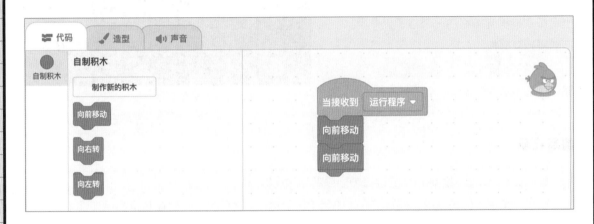

图2-5 编写第1关的任务代码

> **提示：** ①单击屏幕左侧的"自制积木"模块，能在积木列表中看到"向前移动"积木。
> ②确保把两个"向前移动"积木拼接在"当接收到（运行程序）"积木的下面。

运行程序

单击舞台上的 ▷运行 按钮，以执行代码区中的程序，然后观察小鸟是否成功到达淘气猪的位置。

如果成功了，就单击第 ❷ 关按钮，挑战新任务吧！

如果没有成功，请单击 ↻重置 按钮，然后再想一想，试一试。

或者，看看参考答案（见图2-6）。

图2-6 第1关任务的参考答案

第 2 关 前进，前进，前进

第2关：这只坏猪把我的羽毛弄乱了，请帮我抓住他！任务地图见图2-7。

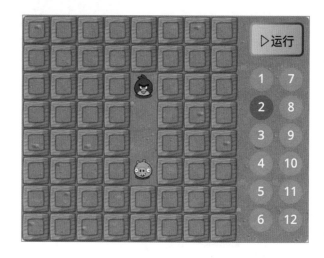

图2-7　第2关任务地图

积木说明

舞台中的迷宫由许多个格子构成，小鸟每次能够向前移动一个格子，并且不能碰到障碍物。

利用"向前移动"积木 向前移动 ，能够让小鸟每次向前移动一格。

编写代码

数一数，小鸟要到达淘气猪的位置需要向前移动几格？

在小鸟角色的代码区中，找到"当接收到（运行程序）"积木，然后在它下面添加几个"向前移动"积木，让小鸟能够走到小猪的位置，如图2-8所示。

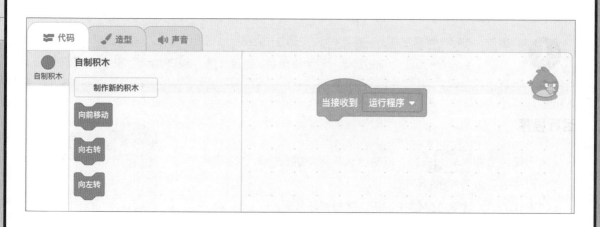

图2-8　编写第2关任务的代码

运行程序

单击舞台上的 ▷运行 按钮，以执行代码区中的程序，然后观察小鸟是否成功到达淘气猪的位置。

如果成功了，就单击第 ③ 关按钮，挑战新任务吧！

如果没有成功，请单击 ↺重置 按钮，然后再想一想，试一试。或者，看看参考答案（见图2-9）。

图2-9　第2关任务的参考答案

第 3 关 走过一道弯

任务说明

第3关：沿着这条路带我去找那只笨猪。一定要躲开TNT炸药，不然我的羽毛会被炸飞的！任务地图见图2-10。

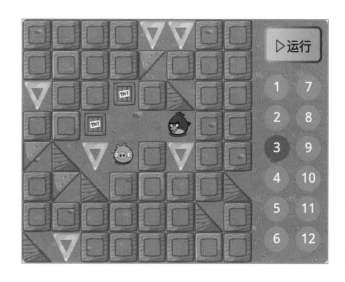

图2-10　第3关任务地图

积木说明

利用上面"向左转"积木，能让小鸟向左转；利用上面"向右转"积木，能让小鸟向右转。仔细观察下面小鸟的每一个造型，以小鸟的视角，看看哪边是左，哪边是右？

编写代码

数一数，小鸟走到淘气猪的位置需要向前移动几格？并且，需要向左转，还是向右转？

在小鸟角色的代码区中，找到"当接收到（运行程序）"积木，将它下面的积木移到一边或者删除掉。然后，在它下面添加几个"向前移动"或"向左转"积木，让小鸟到达小猪的位置，如图2-11所示。

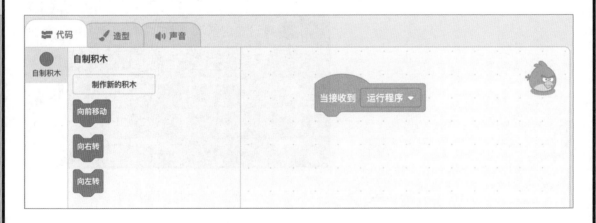

图2-11　编写第3关任务的代码

> **提示：** ①如果要改变小鸟的前进方向，请使用"向左转"或"向右转"积木。
>
> ②不要害怕犯错误！即使你不确定能否完成任务，也可以运行程序，看看会发生什么。

运行程序

单击舞台上的 ▷运行 按钮，以执行代码区中的程序，然后观察小鸟是否成功到达淘气猪的位置。

如果成功了，就单击第 4 关按钮，挑战新任务吧！

如果没有成功，请单击 按钮，然后再想一想，试一试。或者，看看参考答案（见图2-12）。

图2-12　第3关任务的参考答案

第 4 关　走过两道弯

任务说明

第4关：带我去找那个绿色的小坏蛋！小心TNT炸药！任务地图见图2-13。

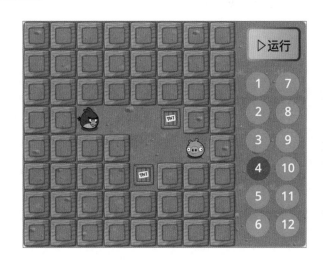

图2-13　第4关任务地图

积木说明

利用右边"向左转"积木能让小鸟向左转,利用右边"向右转"积木能让小鸟向右转。

仔细观察下面小鸟的每一个造型,以小鸟的视角,看看哪边是左,哪边是右?

编写代码

数一数,小鸟要走到淘气猪的位置需要向前移动几格?并且,什么时候向左转,什么时候向右转?

在小鸟角色的代码区中,找到"当接收到(运行程序)"积木,将它下面的积木移到一边或者删除掉。然后,在它下面添加几个"向前移动""向左转"或"向右转"积木,让小鸟到达小猪的位置,如图2-14所示。

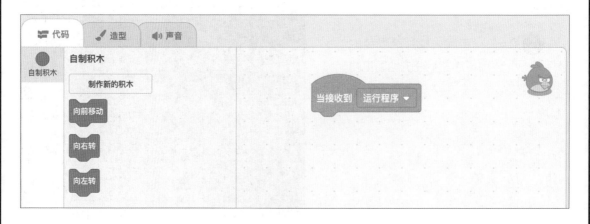

图2-14 编写第4关任务的代码

提示：①如果要改变小鸟的前进方向，请使用"向左转"或"向右转"积木。

②不要害怕犯错误！即使你不确定能否完成任务，也可以运行程序，看看会发生什么。

运行程序

单击舞台上的 ▷运行 按钮，以执行代码区中的程序，然后观察小鸟是否成功到达淘气猪的位置。

如果成功了，就单击第 ⑤ 关按钮，挑战新任务吧！

如果没有成功，请单击 ↻重置 按钮，然后再想一想，试一试。或者，看看参考答案（见图2-15）。

图2-15　第4关任务的参考答案

第 5 关　走过三道弯

任务说明

第5关：请保持冷静，帮我找到那只坏猪，不然我要被它气晕了！任务地图见图2-16。

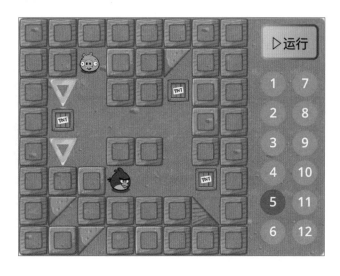

图2-16　第5关任务地图

积木说明

利用"向左转"积木能让小鸟向左转，利用"向右转"积木能让小鸟向右转。

仔细观察小鸟的每一个造型，以小鸟的视角，看看哪边是左，哪边是右？

编写代码

想一想，怎样让小鸟走到淘气猪的位置？在哪里向左转，在哪里向右转？

在小鸟角色的代码区中，找到"当接收到（运行程序）"积木，将它下面的积木移到一边或者删除掉。然后，在它下面添加几个"向前移动""向左转"或"向右转"积木，让小鸟到达小猪的位置，如图2-17所示。

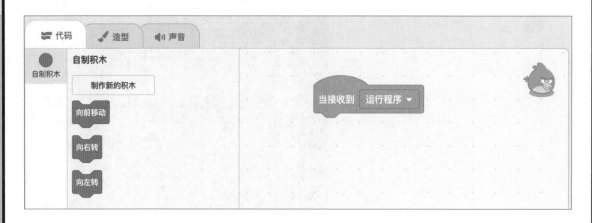

图2-17 编写第5关任务的代码

提示： ①如果要改变小鸟的前进方向，请使用"向左转"或"向右转"积木。

②不要害怕犯错误！即使你不确定能否完成任务，也可以运行程序，看看会发生什么。

运行程序

单击舞台上的 ▷运行 按钮，以执行代码区中的程序，然后观察小鸟是否成功到达淘气猪的位置。

如果成功了，就单击第 6 关按钮，挑战新任务吧！

如果没有成功，请单击 ↺重置 按钮，然后再想一想，试一试。或者，看看参考答案（见图2-18）。

图2-18　第5关任务的参考答案

第 6 关　巧抓笨猪

任务说明

第6关：有一种方法可以只用两个积木就能抓到这只淘气猪，你知道怎么做吗？任务地图见图2-19。

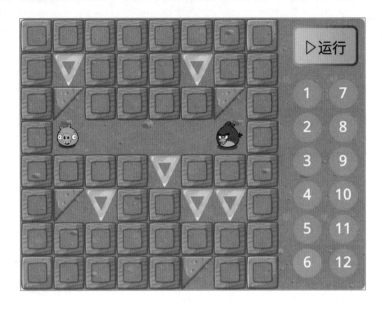

图2-19 第6关任务地图

积木说明

利用"重复执行…次"积木，能够重复执行某个事情若干次。这个积木中的数值框可以填写数字，写上多少，就重复执行多少次。

例如，下面的代码可以分别让小鸟向前移动1格、2格和3格。

编写代码

数一数，小鸟要走几格才能到达淘气猪的位置？记得使用"重复执行…次"积木。

在小鸟角色的代码区中，找到"当接收到（运行程序）"积木，将它下面的积木移到一边或者删除掉。然后，在它下面添加"重复执行…次"和"向前移动"积木，让小鸟能够走到小猪的位置，如图2-20所示。

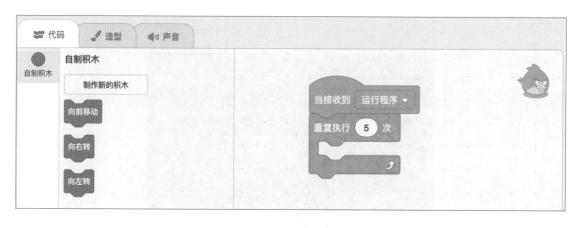

图2-20　编写第6关任务的代码

> **！** **提示：**可以任意设定"重复执行…次"积木中的数字，然后运行程序，看看会发生什么。

运行程序

单击舞台上的 ▷运行 按钮，以执行代码区中的程序，然后观察小鸟是否成功到达淘气猪的位置。

如果成功了，就单击第 7 关按钮，挑战新任务吧！

如果没有成功，请单击 ↺重置 按钮，然后再想一想，试一试。或者，看看参考答案（见图2-21）。

图2-21　第6关任务的参考答案

第 7 关 巧过七道弯

第7关：只用5个积木，就能帮我抓住那只绿色的入侵者，你知道怎么做吗？任务地图见图 2-22。

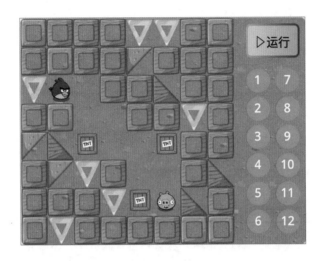

图2-22　第7关任务地图

积木说明

利用"重复执行…次"积木，能够重复执行某个事情若干次。这个积木中的数值框可以填写数字，写上多少，就重复执行多少次。

例如，下面的代码可以分别让小鸟向前移动1格、2格和3格。

编写代码

想一想，小鸟要怎样才能走到淘气猪的位置？要拐几道弯？有什么规律吗？

在小鸟角色的代码区中，找到"当接收到（运行程序）"积木，将它下面的积木移到一边或者删除掉。然后，在它下面添加若干个"重复执行…次""向前移动""向左转"或"向右转"积木，让小鸟能够走到小猪的位置，如图2-23所示。

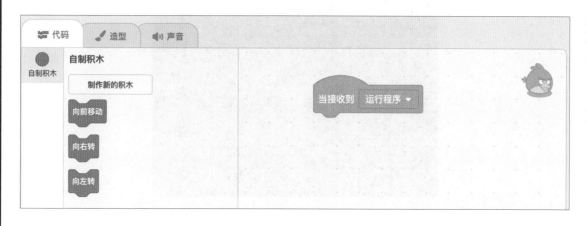

图2-23　编写第7关任务的代码

! **提示：** 找出有规律的部分，利用"重复执行…次"积木简化代码。

运行程序

单击舞台上的 ▷运行 按钮，以执行代码区中的程序，然后观察小鸟是否成功到达淘气猪的位置。

如果成功了，就单击第 8 关按钮，挑战新任务吧！

如果没有成功，请单击 ↺重置 按钮，然后再想一想，试一试。或者，看看参考答案（见图2-24）。

图2-24　第7关任务的参考答案

第 8 关 向着猪头一直前进

第8关：嘿！试试看新的"重复执行直到"积木和"碰到猪头"积木，它会让我一直重复向前移动，直到让我抓到那个绿色的小坏蛋。任务地图见图2-25。

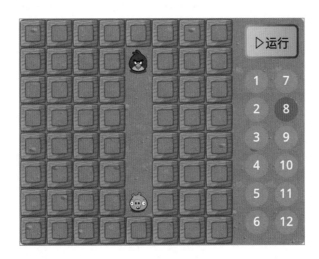

图2-25　第8关任务地图

积木说明

利用"重复执行直到"积木，能够重复地做某个事情，直到给定的条件成立时，才会停下来。比如，可以让小鸟一直向前移动，直到碰到猪头时就停下来。

为了检测是否碰到猪头，可以利用"碰到猪头"积木。这个积木位于"侦测"模块的积木列表中，积木中有一个倒三角形，单击它就会弹出一个列表，里面就有"猪头"的选项。

将"重复执行直到"积木和"碰到猪头"积木组合在一起，就能够让小鸟在碰到猪头时停止循环。

"重复执行直到"积木的循环次数是不固定的，它需要一

个终止循环的条件，这被称为条件型循环；而"重复执行…次"积木的循环次数是固定的，这被称为次数型循环。

编写代码

数一数，小鸟要走到淘气猪的位置需要向前移动几格？不要使用"重复执行…次"积木，尝试使用"重复执行直到"积木来完成这个任务。

在小鸟角色的代码区中，找到"当接收到（运行程序）"积木，将它下面的积木移到一边或者删除掉。然后，在它下面添加"重复执行直到""碰到猪头"和"向前移动"积木，让小鸟能够走到小猪的位置，如图2-26所示。

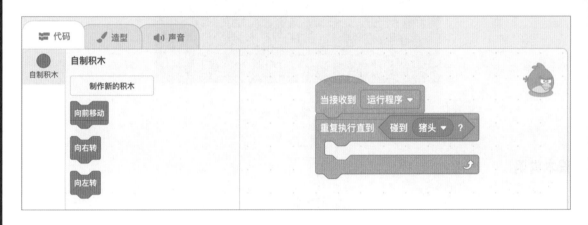

图2-26　编写第8关任务的代码

运行程序

单击舞台上的 ▷运行 按钮，以执行代码区中的程序，然后观察小鸟是否成功到达淘气猪的位置。

如果成功了，就单击第 9 关按钮，挑战新任务吧！

如果没有成功，请单击 ↻重置 按钮，然后再想一想，试一试。或者，看看参考答案（见图2-27）。

图2-27　第8关任务的参考答案

第 9 关 循环的嵌套

第9关：请用尽量少的积木帮我抓住这只淘气猪，任务地图见图2-28。

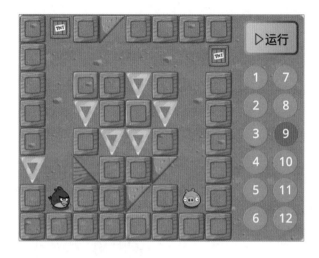

图2-28 第9关任务地图

积木说明

利用"重复执行…次"积木，能够对某个事情重复执行若干次。这个积木中的数值框可以填写数字，写上多少，就重复执行多少次。

我们还可以嵌套使用这个积木，在"重复执行…次"积木内嵌套另一个"重复执行…次"积木。例如，在右边的代码中，将两个"重复执行2次"积木嵌套在一起，最里面的"向前移动"积木就会被重复执行4次。

编写代码

　　仔细观察，小鸟向前走几格才拐一次弯，一共需要拐几次弯？认真找一找其中变化的规律，尝试使用两个嵌套的"重复执行…次"积木来完成这个任务。

　　在小鸟角色的代码区中，找到"当接收到（运行程序）"积木，将它下面的积木移到一边或者删除掉。然后，在它下面添加"重复执行…次""向前移动"和"向左转"积木，让小鸟能够走到小猪的位置，如图2-29所示。

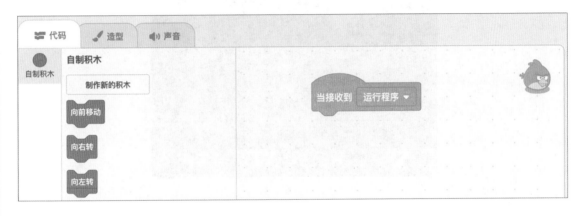

图2-29　编写第9关任务的代码

提示： ①如果要改变小鸟的前进方向，请使用"向左转"或"向右转"积木。

②找出有规律的部分，利用两个嵌套的"重复执行…次"积木简化代码。

运行程序

　　单击舞台上的 ▷运行 按钮，以执行代码区中的程序，然后观察小鸟是否成功到达淘气猪的位置。

　　如果成功了，就单击第 ⑩ 关按钮，挑战新任务吧！

　　如果没有成功，请单击 ↻重置 按钮，然后再想一想，试一试。或者，看看参考答案（见图2-30）。

图2-30　第9关任务的参考答案

第 10 关 巧妙向左转

第10关：嘿！尝试利用新的"如果"积木，让我来判断什么时候向左转，任务地图见图2-31。

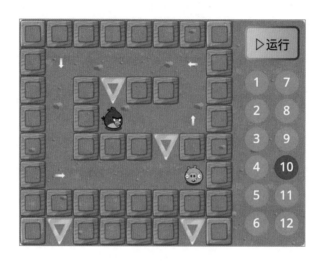

图2-31　第10关任务地图

积木说明

利用"如果"积木，能够判断给定的条件是否成立，若成立则执行某个操作。比如，当小鸟碰到向左转的指示箭头时，就选择执行"向左转"的积木指令。

为了检测是否碰到左箭头，可以利用"碰到左箭头"积木，位于"侦测"模块的积木列表中。这个积木中有一个倒三角形，单击它就会弹出一个列表，里面就有"左箭头"的选项。

将"如果"积木和"碰到左箭头"积木组合在一起，就能够判断小鸟是否碰到左箭头，然后选择执行"向左转"的操作。

编写代码

想一想，小鸟要怎样走才能到达淘气猪的位置？仔细观察，向左转的指示箭头都出现在什么地方？利用"如果"积木，使小鸟碰到左箭头时转弯。

在小鸟角色的代码区中，找到"当接收到（运行程序）"积木，将它下面的积木移到一边或者删除掉。然后，在它下面添加"如果""碰到左箭头""向左转""向前移动"等积木，让小鸟能够走到小猪的位置，如图2-32所示。

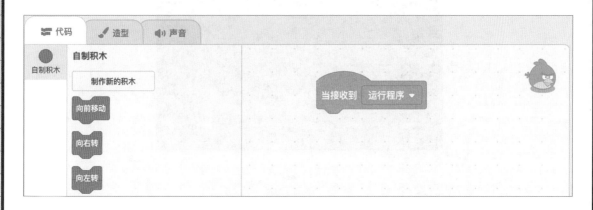

图2-32　编写第10关任务的代码

 提示： ①如果要改变小鸟的前进方向，请使用"向左转"或"向右转"积木。

②利用"如果"积木，让小鸟决定在什么地方转弯。

运行程序

单击舞台上的 ▷运行 按钮，以执行代码区中的程序，然后观察小鸟是否成功到达淘气猪的位置。

如果成功了，就单击第⑪关按钮，挑战新任务吧！

如果没有成功，请单击 重置 按钮，然后再想一想，试一试。或者，看看参考答案（见图2-33）。

图2-33　第10关任务的参考答案

第 11 关 巧妙向右转

第11关：嘿！尝试利用"如果"积木，让我来判断什么时候向右转，任务地图见图2-34。

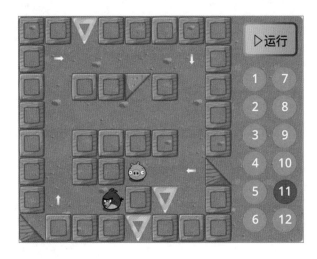

图2-34 第11关任务地图

积木说明

利用"如果"积木，能够判断给定的条件是否成立，若成立则执行某个操作。比如，当小鸟碰到向右转的指示箭头时，就选择执行"向右转"的积木指令。

为了检测是否碰到右箭头，可以利用位于"侦测"模块的"碰到右箭头"积木。这个积木中有一个倒三角形，单击会弹出一个列表，里面就有"右箭头"的选项。

将"如果"积木和"碰到右箭头"积木组合在一起，就能够判断小鸟是否碰到右箭头，然后选择执行"向右转"的操作。

编写代码

想一想，小鸟要怎样走才能到达淘气猪的位置？仔细观察，向右转的指示箭头都出现在什么地方？利用"如果"积木，使小鸟碰到右箭头时转弯。

在小鸟角色的代码区中，找到"当接收到（运行程序）"积木，将它下面的积木移到一边或者删除掉。然后，在它下面添加"如果""碰到右箭头""向右转""向前移动"等积木，让小鸟能够走到小猪的位置，如图2-35所示。

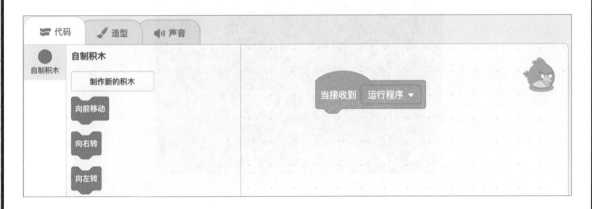

图2-35　编写第11关任务的代码

 提示： ①如果要改变小鸟的前进方向，请使用"向左转"或"向右转"积木。
②利用"如果"积木，让小鸟决定在什么地方转弯。

运行程序

单击舞台上的 ▷运行 按钮，以执行代码区中的程序，然后观察小鸟是否成功到达淘气猪的位置。

如果成功了，就单击第 12 关按钮，挑战新任务吧！

如果没有成功，请单击 ↻重置 按钮，然后再想一想，试一试。或者，看看参考答案（见图2-36）。

图2-36　第11关任务的参考答案

第 12 关 向左转，向右转

第12关：那个绿色的小坏蛋躲在复杂的迷宫里！尝试利用"如果"积木，并用最少的积木让我抓住那只坏猪，任务地图见图2-37。

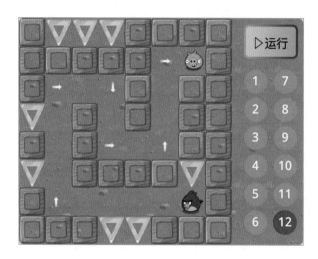

图2-37　第12关任务地图

积木说明

利用"如果"积木，能够判断给定的条件是否成立，若成立则执行某个操作。比如，当小鸟碰到向左转的指示箭头时，就选择执行"向左转"的积木指令；当小鸟碰到向右转的指示箭头时，就选择执行"向右转"的积木指令。

为了检测是否碰到左箭头或右箭头，可以利用"碰到…"积木。这个积木位于"侦测"模块的积木列表中。这个积木中有一个倒三角形，单击会弹出一个列表，包含"左箭头"或"右箭头"选项。

将"如果"积木和"碰到左箭头"或"碰到右箭头"积木组合在一起，就能够判断小鸟是否碰到左箭头或右箭头，然后选择执行"向左转"或"向右转"的操作。

编写代码

　　想一想，小鸟要怎样走才能到达淘气猪的位置？仔细观察，左箭头或右箭头分别出现在什么地方？利用"如果"积木，使小鸟碰到左箭头或右箭头时转弯。

　　在小鸟角色的代码区中，找到"当接收到（运行程序）"积木，将它下面的积木移到一边或者删除掉。然后，在它下面添加"如果""碰到左箭头""碰到右箭头""向前移动"等积木，让小鸟能够走到小猪的位置，如图2-38所示。

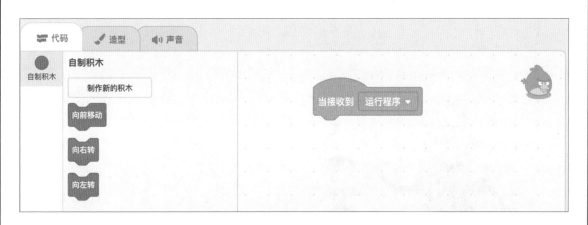

图2-38　编写第12关任务的代码

> **!** **提示：**①如果要改变小鸟的前进方向，请使用"向左转"或"向右转"积木。
> ②利用"如果"积木，让小鸟决定在什么地方转弯。

运行程序

单击舞台上的 ▷运行 按钮，以执行代码区中的程序，然后观察小鸟是否成功到达淘气猪的位置。

如果成功了，那么恭喜你，完成了"经典迷宫"的所有任务！

如果没有成功，请单击 ↺重置 按钮，然后再想一想，试一试。或者，看看参考答案（见图2-39）。

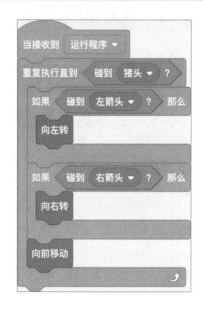

图2-39 第12关任务的参考答案

Note 1	Date_____
○	
○	
○	
○	
○	
○	

恭喜你，已经完成了"经典迷宫"的所有任务！

在"经典迷宫"课程中，我们通过使用"向前移动""向左转""向右转"等积木来编写代码，共编写了12个让小鸟抓住小猪的程序。虽然这些程序比较简单，却包含了程序设计的三种基本结构，即顺序结构、循环结构和选择结构。任何一个程序，都可以由这三种基本结构组合而成。

请指出图2-40中的三个程序分别用到了哪些基本结构。

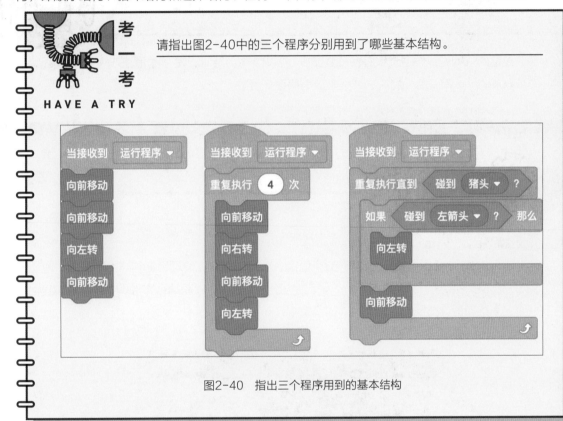

图2-40　指出三个程序用到的基本结构

第3章

海龟谜图

那些炫酷好玩的游戏，通过编程实现其实并不容易。从绘制简单的几何图形开始学习编程，更容易有成就感，让人有信心坚持下去，逐步成为编程高手。

准备工作

1. 创建新项目

启动Scratch软件后会创建一个默认的新项目。在菜单栏旁边的项目名称框①中输入"海龟谜图"，然后在菜单栏中执行"文件②"→"保存到电脑③"命令，将新项目文件保存到本地磁盘上，得到一个名为"海龟谜图.sb3"的文件，如图3-1所示。

图3-1　执行"保存到电脑"命令

2. 添加画笔扩展

默认情况下，"画笔"扩展没有显示在Scratch的模块列表中。添加方法是：在屏幕左下角单击"添加扩展"按钮，然后在弹出的"选择一个扩展"窗口中选择"画笔"扩展选项，如图3-2所示。

图3-2 选择"画笔"扩展选项

3. 积木列表

在"画笔"扩展添加完成之后，可以在界面左侧的模块列表中看到画笔模块的图标 。在本章中，我们将使用图3-3中的积木来完成"海龟谜图"的绘图任务。

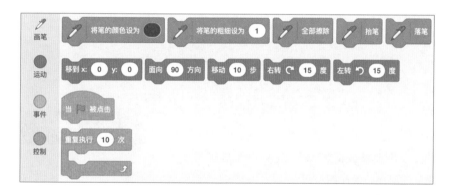

图3-3 "海龟谜图"绘图任务所需的积木列表

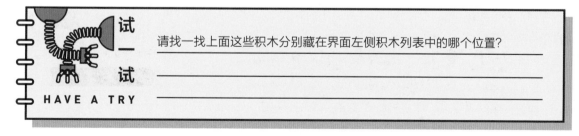

请找一找上面这些积木分别藏在界面左侧积木列表中的哪个位置？

好了，准备妥当，让我们开始挑战"海龟谜图"任务吧！

任务描述

以舞台中心为起点，向右起笔，画出一条线段（长度为200个单位、宽度为2个单位、颜色为红色），如图3-4所示。

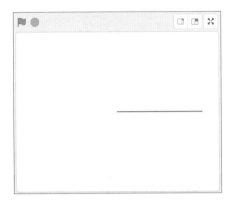

图3-4 画一条线段

画图提示

1. 画笔的设置

既然要画图，那就要准备好一支"画笔"，准备工作包括设定画笔的颜色、大小等。

使用 将笔的颜色设为 积木设定画笔的颜色。单击这个积木中的颜色块，就会弹出颜色设置面板，然后在面板中将颜色设为0、饱和度设为100、亮度设为100，这样就得到了正红色，如图3-5所示。

使用 将笔的粗细设为 1 积木设定画笔的大小，在该积木的数值框中输入数字进行设定即可。

在Scratch中，画笔默认是"抬笔"状态。如果想要画出东西，就要把画笔设为"落笔"状态。使用 抬笔 积木和 落笔 积木，可以设置画笔的状态。

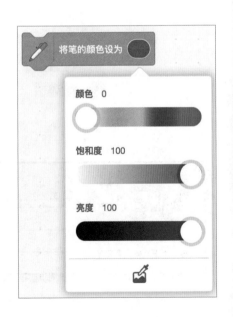

图3-5 设置画笔颜色

如果想要清除舞台上绘制的内容，可以使用 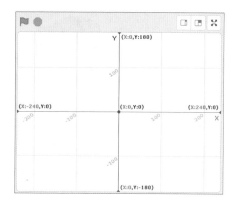 积木。

2. 画笔的定位

在Scratch中，舞台的尺寸为480×360，即宽度为480个单位、高度为360个单位。舞台支持使用平面直角坐标系进行定位，水平方向为x轴，垂直方向为y轴，坐标系的原点位于舞台的中心位置，可用(x:0,y:0)表示，如图3-6所示。

图3-6　舞台支持的平面直角坐标系

在Scratch中，"画笔"是与角色绑定在一起的，将角色移动到某个位置，"画笔"也会随之移动到该位置。默认情况下，角色（画笔）位于舞台的中心位置，在画图时，画笔会被移动到其他位置。如果想让画笔重新回到舞台中心，使用 移到 x: 0 y: 0 积木将角色（画笔）移到坐标系原点（x:0, y:0）处即可。

3. 画笔的移动

在Scratch中，还支持使用极坐标的方式控制角色（画笔）的移动。只要知道方向和距离，这两个参数就可以控制画笔的移动。

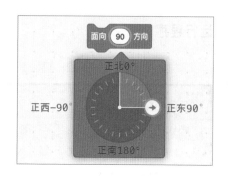

图3-7　设定方向

使用"面向…方向"积木可以设定角色（画笔）前进的方向。当单击该积木中的数值框时，会弹出一个仪表盘，可以用鼠标拖动方向箭头来调整方向。舞台正右方为90°，正下方为180°，正左方为-90°，正上方为0°。在Scratch中，角色（画笔）的默认方向为90°，如图3-7所示。

在方向确定之后，就可以使用 移动 10 步 积木控制角色（画笔）沿着指定的方向移动指定的距离。如果画笔处于落笔状态，那么角色（画笔）运动时就会在舞台上留下移动的轨迹，这样就实现了使用画笔在舞台上画图。

编写代码

在小猫角色的代码区中编写画一条线段的代码，如图3-8所示。

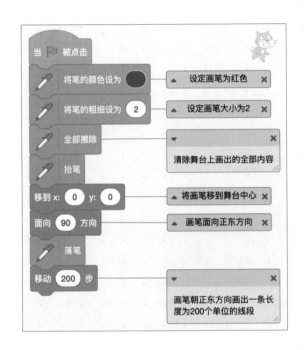

图3-8 编写"画一条线段"的代码

运行程序

单击"运行"按钮 ，舞台上将画出一条红色线段。

角色的显示或隐藏
如果不想让舞台上的角色遮挡住画出的内容，可以隐藏角色。使用角色列表区中的眼睛按钮 ⊙ ∅ 可以设定角色显示或隐藏。在Scratch中，角色（画笔）隐藏时也能够画图。

任务描述

以舞台中心为起点，向正东方向起笔，画出一个正方形（边长为150个单位、线条宽度为两个单位、颜色为红色），如图3-9所示。

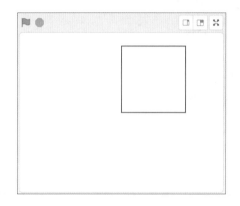

图3-9　画一个正方形

画图提示

1. 正方形的画法

正方形的四条边都相等，四个角都是90度。在画正方形时，从红点处向正东方向出发，先画出一条线段，然后向左转90度。这样连续画出4条线段就能得到一个正方形，如图3-10所示。

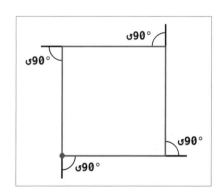

图3-10　正方形的画法

2. 画笔初始化

为了简化代码，我们将画笔初始化的工作放到一个名为"画笔初始化"的自制积木中，如图3-11所示。

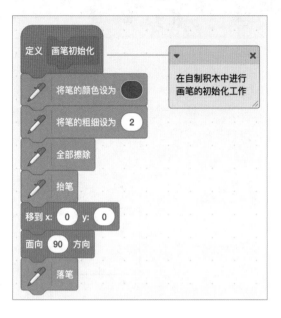

图3-11 "画笔初始化"自制积木

创建新的积木

第1步：在图3-12所示界面左侧单击"自制积木"按钮①，然后在积木列表中单击"制作新的积木"②按钮，将会弹出图3-13的"制作新的积木"对话框。

第2步：在图3-13所示的"制作新的积木"对话框中，在"积木名称"文本框中输入一个积木名称（例如"画笔初始化"），然后单击"完成"按钮以完成新积木的创建。

第3步：在图3-12界面左侧的积木列表中会出现一个"画笔初始化"积木③。同时，在代码区中也会出现一个"定义（画笔初始化）"积木④。在这个积木的下方，需要编写实现画笔初始化的具体代码，如图3-11所示。

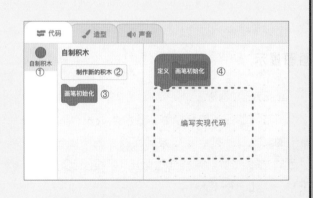

图3-12 创建自制积木并编写实现代码

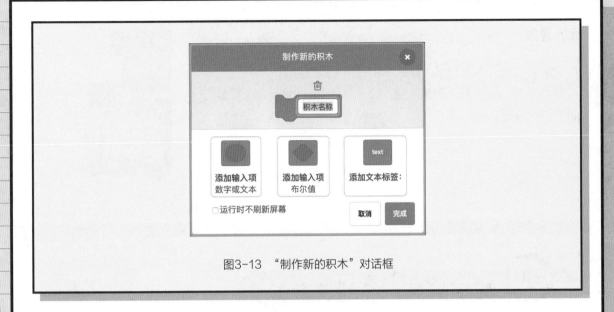

图3-13 "制作新的积木"对话框

编写代码

请在图3-14小猫角色的代码区中编写画一个正方形的代码。

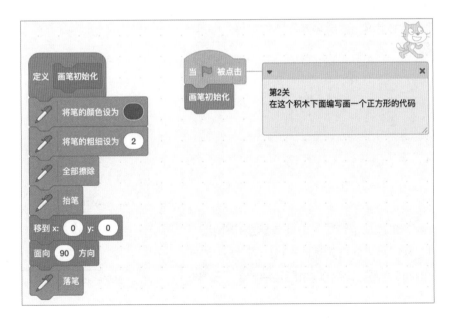

图3-14 小猫角色的代码区

运行程序

单击"运行"按钮，舞台上将画出一个红色的正方形。

如果没有成功，那么再想一想，试一试。或者，看看参考答案，如图3-15所示。

图3-15 "画一个正方形"的参考答案

第 3 关 画一个正三角形

任务描述

以舞台的中心为起点，向右方起笔，画出一个正三角形（边长为150个单位、线条宽度为两个单位、颜色为红色），如图3-16所示。

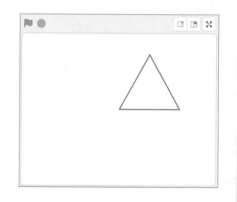

图3-16 画一个正三角形

画图提示

正三角形的三条边都相等，三个外角都是120度。在画三角形时，从红点处向右先画出一条线段，然后向左转120度，这样连续画出3条线段就能得到一个正三角形，如图3-17所示。

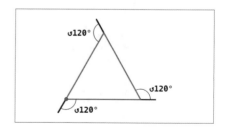

图3-17 正三角形的画法

编写代码

请在图3-18小猫角色的代码区中编写画一个正三角形的代码。

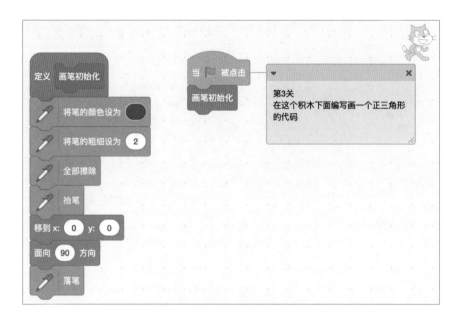

图3-18 小猫角色的代码区

运行程序

单击"运行"按钮 ⚑，舞台上将画出一个红色的正三角形。

如果没有成功，那么再想一想，试一试。或者，看看参考答案，如图3-19所示。

图3-19 "画一个正三角形"的参考答案

第 4 关 画一个正五边形

任务描述

以舞台的中心为起点，向右方起笔，画出一个正五边形（边长为100个单位、线条宽度为两个单位、颜色为红色），如图3-20所示。

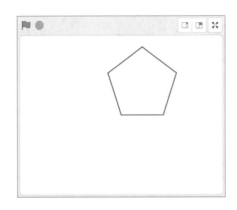

图3-20　画一个正五边形

画图提示

正五边形的五条边都相等，五个外角都是72度。在画正五边形时，从红点处向右先画出一条线段，然后向左转72度，这样连续画出5条线段就能得到一个正五边形，如图3-21所示。

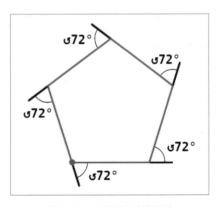

图3-21　正五边形的画法

编写代码

请在图3-22小猫角色的代码区中编写画一个正五边形的代码。

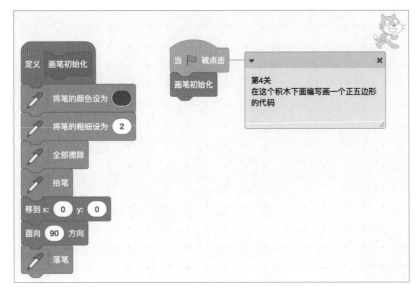

图3-22　小猫角色的代码区

运行程序

　　单击"运行"按钮 🚩，舞台上将画出一个红色的正五边形。

　　如果没有成功，那么再想一想，试一试。或者，看看参考答案，如图3-23所示。

图3-23　"画一个正五边形"的参考答案

 第 5 关 画一个五角星

任务描述

　　以舞台的中心为起点，向右方起笔，画出一个五角星（边长为80个单位、线条宽度为两个单位、颜色为红色），如图3-24所示。

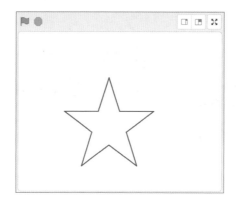

图3-24　画一个五角星

画图提示

　　五角星的10条边都相等，5个外角都是144度。在画五角星时，从红点处向右先画出一条线段，然后向右转144度，再画出另一条线段，得到五角星的一个角。在画下一个角时先向左转72度，这样连续画出5个角就能得到一个五角星，如图3-25所示。

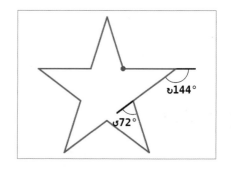

图3-25　五角星的画法

编写代码

　　请在图3-26小猫角色的代码区中编写画一个五角星的代码。

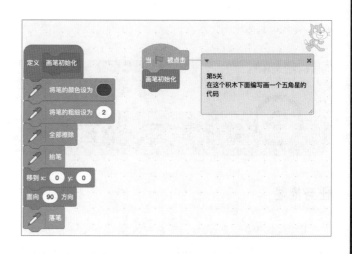

图3-26　小猫角色的代码区

运行程序

单击"运行"按钮 ，舞台上将画出一个红色的五角星。

如果没有成功，那么再想一想，试一试。或者，看看参考答案，如图3-27 所示。

图3-27 "画一个五角星"的参考答案

第 6 关 画一个八角星

任务描述

以舞台的中心为起点，向右起笔，画出一个八角星（边长为35个单位、线条宽度为两个单位、颜色为红色），如图3-28所示。

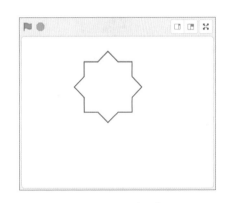

图3-28 画一个八角星

画图提示

八角星由相邻的8对直角边构成。从红点处向右先画出一个直角，然后向右转45度，这样连续画出8对相邻的直角边就得到一个八角星，如图3-29所示。

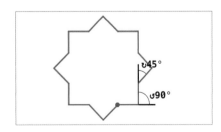

图3-29 八角星的画法

编写代码

请在图3-30小猫角色的代码区中编写画一个八角星的代码。

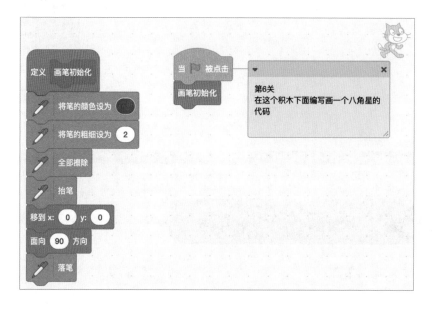

图3-30　小猫角色的代码区

运行程序

单击"运行"按钮 ，舞台上将画出一个红色的八角星。

如果没有成功，那么再想一想，试一试。或者，看看参考答案，如图3-31所示。

图3-31　"画一个八角星"的参考答案

任务描述

围绕舞台的中心，画出由6个正三角形构成的组合图形。要求：正三角形的边长为150个单位、线条宽度为两个单位、颜色为红色，如图3-32所示。

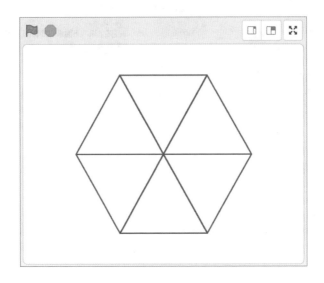

图3-32　画由6个正三角形构成的组合图形

画图提示

这个组合图形由6个相邻的正三角形构成，每个三角形都以顶点为中心向左（或向右）旋转60度。在画图时，从红点处向右先画出一个正三角形，然后向左转60度，这样连续画出6个正三角形就能得到该组合图形，如图3-33所示。

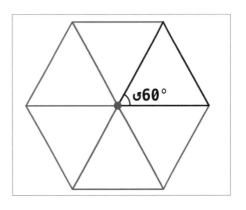

图3-33　由6个正三角形构成的组合图形的画法

编写代码

请在图3-34小猫角色的代码区中编写画正三角形组合图形的代码。

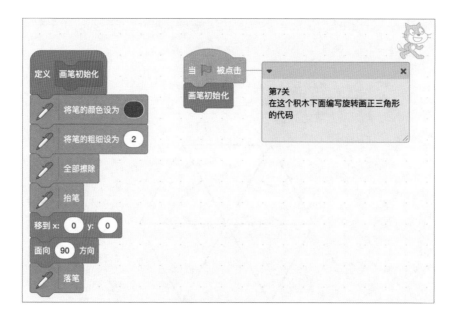

图3-34　小猫角色的代码区

运行程序

单击"运行"按钮 ，舞台上将画出由6个正三角形构成的组合图形。

如果没有成功，那么再想一想，试一试。或者，看看参考答案，如图3-35 所示。

图3-35　画"由6个正三角形构成的组合图形"的参考答案

任务描述

围绕舞台的中心，画出由6个正六边形构成的组合图形。要求：正六边形的边长为100个单位、线条宽度为两个单位、颜色为红色，如图3-36所示。

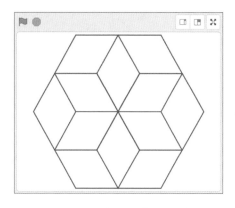

图3-36　画由6个正六边形构成的组合图形

画图提示

这个组合图形由6个部分重叠的正六边形构成，每个三角形都以顶点为中心向左（或向右）旋转60度。在画图时，从红点处向右先画出一个正六边形，然后向右转60度，这样连续画出6个正六边形就能得到该组合图形，如图3-37所示。

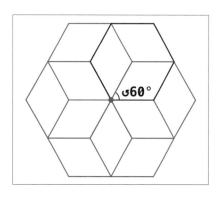

图3-37　由6个正六边形构成的组合图形的画法

编写代码

请在图3-38小猫角色的代码区中编写画由6个正六边形构成的组合图形的代码。

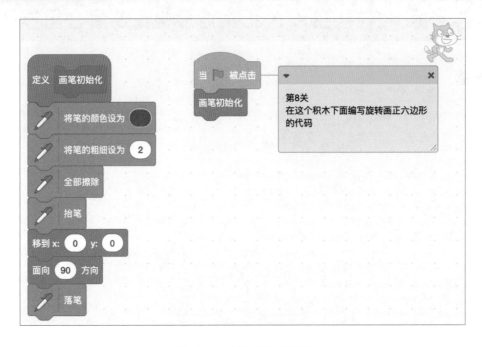

图3-38　小猫角色的代码区

运行程序

单击"运行"按钮 ，舞台上将画出由6个正六边形构成的组合图形。

如果没有成功，那么再想一想，试一试。或者，看看参考答案（见图3-39）。

图3-39　画"由6个正六边形构成的组合图形"的参考答案

第 9 关 画由 8 个八角星构成的组合图形

任务描述

围绕舞台的中心，画出由8个八角星构成的组合图形。要求：八角星的边长为35个单位、线条宽度为两个单位、颜色为红色，如图3-40所示。

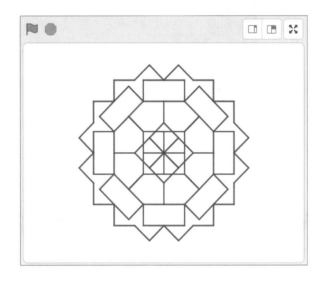

图3-40　画由8个八角星构成的组合图形

画图提示

这个组合图形由8个部分重叠的八角星构成，每个八角星都以顶点为中心向左（或向右）旋转45度。在画图时，从红点处向右先画出一个八角星，然后向左转45度，这样连续画出8个八角星就能得到该组合图形，如图3-41所示。

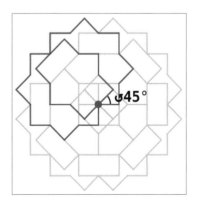

图3-41　由8个八角星构成组合图形的画法

编写代码

请在图3-42小猫角色的代码区中编写画由8个八角星构成的组合图形的代码。

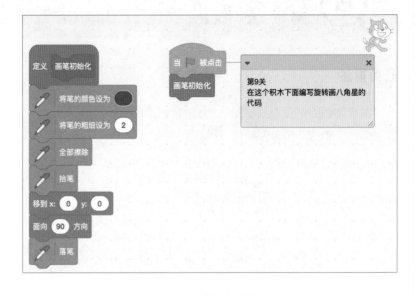

图3-42　小猫角色的代码区

运行程序

单击"运行"按钮，舞台上将画出由8个八角星构成的组合图形。

如果没有成功，那么再想一想，试一试。或者，看看参考答案，如图3-43所示。

图3-43　画"由8个八角星构成的组合图形"的参考答案

通过几何绘图的方式学习编程，最早可追溯到"古老"的Logo编程语言，后来被Scratch、Python等语言继承下来。1988年，巴里·纽威尔（Barry Newell）出版了 *Turtle Confusion: Logo Puzzles and Riddles*，书中提供了利用Logo小海龟绘制的40个从简单到复杂的几何图形，如图3-44所示。读者要认真观察并找出图形变化规律，才能破解这些如谜团一般的图形。

图3-44　海龟谜图40例

本章从"海龟谜图40例"中选取了部分简单图形进行编程入门训练，还有更多难度较大的谜图等待你去挑战。这些组合图形看上去复杂，但是都能使用基本的几何图形，通过平移、旋转等方式构造出来。

编程无难事，只怕有心人。继续进行充满挑战的海龟谜图之旅吧！

第4章

趣味游戏

与其玩游戏，不如自己制作游戏。像"花猫接鸡蛋""欢乐打地鼠""鲨鱼吃小鱼"这类有趣的小游戏，利用Scratch就可以轻松地制作出来。那么，现在就来制作这几款有趣的小游戏吧！

 项目1 花猫接鸡蛋

项目描述

"大母鸡呀嘿，咯嗒嗒呀嘿，我爱它呀，它爱我呀嘿。咯咯嗒，咯咯嗒，咯嗒咯咯嗒……"一边听着有趣的儿歌，玩家一边要用键盘控制花猫接住落下的鸡蛋。

在游戏运行中，5只母鸡坐在架子上，不停地变换造型；同时，每只母鸡会一个接一个地下蛋。在玩家的控制下，一只抱着罐子的花猫左右移动，努力地接住落下的鸡蛋。如果接不住，那么鸡蛋落在地上就会摔坏，如图4-1所示。

这个游戏限定时间为120秒，时间到则游戏结束，花猫会说出接住的鸡蛋数量。

图4-1 "花猫接鸡蛋"游戏运行效果图

操控方法： 单击 按钮开始玩游戏，使用左、右方向键 ← → 控制花猫移动。

在制作这个游戏之前，不妨先玩一玩这个游戏，然后思考这个游戏是如何制作的。读者可在本书附赠的资源包中找到这个游戏的完成版。

项目路径： 资源包/第4章 趣味游戏/花猫接鸡蛋[完成版].sb3

快打开"花猫接鸡蛋"游戏，试玩一下吧！

准备工作

（1）从本书提供的资源包中找到名为"花猫接鸡蛋[模板].sb3"的项目文件。

项目模板路径： 资源包/第4章 趣味游戏/花猫接鸡蛋[模板].sb3

（2）从Windows桌面启动Scratch应用程序，然后在菜单栏执行"文件"→"从电脑中上传"命令，在弹出的对话框中找到并选择"花猫接鸡蛋[模板].sb3"文件，以打开游戏模板文件。

（3）打开"花猫接鸡蛋[模板]"项目后，单击角色列表中的缩略图，可以切换到各个角色的代码区，看到花猫、罐子、母鸡和鸡蛋等角色和舞台预置的一些代码、造型（背景）、声音等，如图4-2所示。这些角色的代码看上去比较复杂，但现在不用管它！

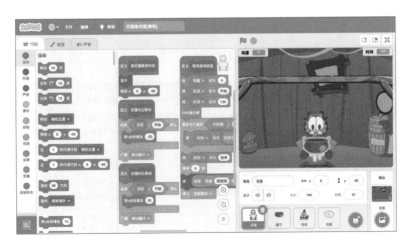

图4-2 "花猫接鸡蛋[模板]"项目打开后的界面

注意： 请不要将这些角色中预置的代码随意修改或者删除！

（4）在Scratch界面菜单栏旁边的项目名称框①中，将"花猫接鸡蛋[模板]"修改为"花猫接鸡蛋"或其他名字；然后在菜单栏中执行"文件②"→"保存到电脑③"命令，将打开的项目模板文件另存为一个新的Scratch项目文件，如图4-3所示。

图4-3 执行"保存到电脑"命令

 提示： 在Scratch软件中，使用菜单命令"保存到电脑"执行保存文件的操作时，每次都会弹出"另存为"对话框，可以根据需要覆盖已存在的同名文件，或者用别的名字保存为新文件。

积木说明

制作"花猫接鸡蛋"游戏，需要使用"事件""控制""自制积木""声音"等模块中的一些积木，如图4-4所示。

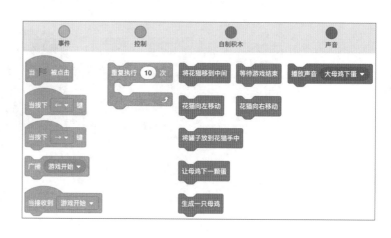

图4-4 "花猫接鸡蛋"游戏的积木列表

请找一找图4-4中的这些积木分别藏在屏幕左侧积木列表中的哪个位置？

在图4-4的积木列表中，"自制积木"模块中的一组积木用于构建"花猫接鸡蛋"游戏的核心功能，它们分散在花猫、罐子、母鸡和鸡蛋这些角色中。通过单击图4-5角色列表区的角色缩略图或背景缩略图，可以切换到各个角色或舞台的代码编辑区，然后在屏幕左侧的积木列表中找到项目模板中预置的自制积木。

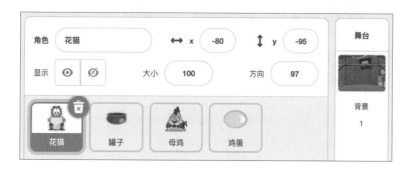

图4-5 "花猫接鸡蛋"游戏的角色缩略图和背景缩略图

项目制作

为了实现"花猫接鸡蛋"游戏，需要花猫、罐子、母鸡、鸡蛋这4个角色和背景。这些角色和背景要实现的功能结构，如图4-6所示。

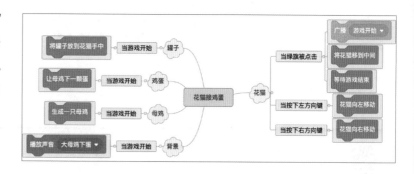

图4-6 "花猫接鸡蛋"游戏的功能结构图

> **提示：** 图4-6的自制积木已经实现了其特定功能，在编写"花猫接鸡蛋"游戏时直接调用即可。通过后续课程的学习，你将能理解这些自制积木的具体实现方式和工作原理。

接下来，根据图4-6的功能结构图在项目模板中编写"花猫接鸡蛋"游戏的代码。

第1步：编写花猫角色的代码

在角色列表区中单击花猫角色的缩略图 ，以切换到花猫角色的代码编辑区，然后使用图4-7中的积木编写花猫角色的代码。

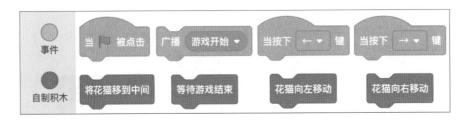

图4-7　花猫角色的积木列表

一个Scratch项目通常需要有一个主程序。在这个游戏中，我们将主程序放在花猫角色的代码中，主程序代码如图4-8所示。

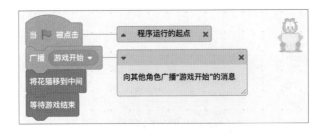

图4-8　花猫角色中的主程序代码

> **代码说明：** 在Scratch项目中，一般使用 积木作为整个程序的起点，在这个积木下面拼接其他积木。当单击舞台控制栏中的 按钮时，程序就从 积木开始运行了。四个积木会从上到下依次执行，如图4-8所示。

在游戏中，使用键盘上的左、右方向键控制花猫角色向左和向右移动，代码如图4-9所示。

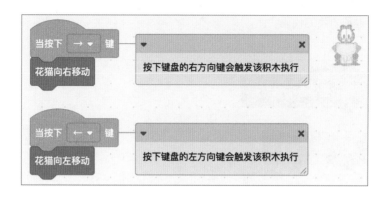

图4-9　控制花猫移动的代码

 代码说明： 在Scratch项目中，程序可以对用户操作键盘作出响应。键盘上有许多按键，它们对应的积木在哪里呢？在界面左侧的"事件"模块的积木列表中找到"当按下（空格）键"积木，然后单击它上面的小三角形，就会弹出一个下拉列表，罗列出所有支持的按键，如图4-10所示。

图4-10　键盘按键事件积木

第2步：编写罐子角色的代码

在角色列表区中单击罐子角色的缩略图 ，以切换到罐子角色的代码编辑区，然后使用图4-11中的积木编写罐子角色的代码。

图4-11　罐子角色的积木列表

在游戏中，花猫抱着一个大罐子去接掉下来的鸡蛋。当接收到"游戏开始"的消息后，需要将罐子放到花猫手中，代码如图4-12所示。

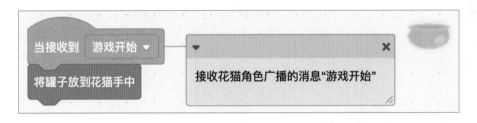

图4-12　罐子角色的代码

代码说明： 在花猫角色中，使用"广播（游戏开始）"积木向所有角色发送一条名为"游戏开始"的消息。然后，在罐子角色中使用"当接收到（游戏开始）"积木接收这条名为"游戏开始"的消息，并调用"将罐子放到花猫手中"的积木。其他角色也可以接收到这个消息，然后开始做自己的事情。

第3步：编写母鸡角色的代码

在角色列表区中单击母鸡角色的缩略图 ，以切换到母鸡角色的代码编辑区，然后使用图4-13中的积木编写母鸡角色的代码。

图4-13　母鸡角色的积木列表

游戏开始后，在架子上会生成5只母鸡，每只母鸡会不停地变换造型，代码如图4-14所示。

图4-14　母鸡角色的代码

代码说明： 在母鸡角色中，当接收到"游戏开始"的消息后，在"重复执行5次"积木中调用"生成一只母鸡"积木，就会在舞台上生成5只母鸡。

第4步：编写鸡蛋角色的代码

在角色列表区中单击鸡蛋角色的缩略图，以切换到鸡蛋角色的代码编辑区，然后使用图4-15中的积木编写鸡蛋角色的代码。

图4-15　鸡蛋角色的积木列表

游戏开始后，鸡蛋会从5只母鸡所在的位置掉下来，代码如图4-16所示。

图4-16 鸡蛋角色的代码

代码说明： 在鸡蛋角色中，当接收到"游戏开始"的消息后，在"重复执行100次"积木中调用"让母鸡下一颗蛋"积木，就可以让鸡蛋不断地从舞台上方掉下来。

第5步：编写舞台的代码

在角色列表区右侧单击舞台背景的缩略图 ，以切换到舞台的代码编辑区，然后使用图4-17中的积木编写舞台的代码。

图4-17 舞台的积木列表

当接收到"游戏开始"的消息后，播放一个名为"大母鸡下蛋"的音乐，代码如图4-18所示。

到这里，"花猫接鸡蛋"游戏的代码就编写完毕了。

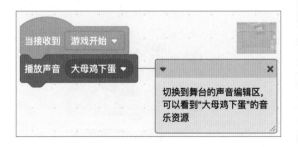

图4-18 舞台的代码

提示： 为了保存创作的成果，在Scratch界面的菜单栏中执行"文件"→"保存到电脑"命令，将当前的项目保存到本地磁盘上。

运行程序

单击舞台上方的 按钮，玩一玩自己制作的游戏吧！

项目 2 欢乐打地鼠

项目描述

伴随着欢快的音乐，地洞中的地鼠时而出现、时而隐藏。请移动你手中的鼠标，控制锤子去打击地鼠吧！

在游戏运行中，舞台上的10个地洞中会随机地出现地鼠或青蛙，它们出现的时间长短不一。如果你打中地鼠，则会得到一分；如果打中青蛙，则会减扣一分，如图4-19所示。

这个游戏限定时间为60秒，时间到则游戏结束，最后查看得分。

图4-19 "欢乐打地鼠"游戏运行效果图

操控方法： 单击 开始玩游戏，移动鼠标 并按下鼠标左键打地鼠。

在制作前，不妨先玩一玩这个游戏，然后思考游戏是如何制作的。读者可在本书提供的资源包中找到这个游戏的完成版。

项目路径： 资源包/第4章 趣味游戏/欢乐打地鼠[完成版].sb3

快打开"欢乐打地鼠"游戏，试玩一下吧！

准备工作

（1）从本书提供的资源包中找到名为"欢乐打地鼠[模板].sb3"的项目文件。

项目模板路径： 资源包/第4章 趣味游戏/欢乐打地鼠[模板].sb3

（2）从Windows桌面启动Scratch软件，然后在菜单栏中执行"文件"→"从电脑中上传"命令，在弹出的对话框中找到并选择"欢乐打地鼠[模板].sb3"文件，以打开游戏模板文件。

（3）打开"欢乐打地鼠[模板]"项目后，单击角色列表中的缩略图，可以切换到各个角色的代码区，看到地鼠角色、锤子角色和舞台预置的一些代码、造型（背景）、声音等。这些角色的代码看上去比较复杂，但现在不用管它！

! **注意：** 请不要将这些角色中预置的代码随意修改或者删除！

（4）在Scratch界面菜单栏旁边的项目名称框中，将"欢乐打地鼠[模板]"修改为"欢乐打地鼠"或其他名字。然后在菜单栏中执行"文件"→"保存到电脑"命令，将打开的项目模板文件另存为一个新的Scratch项目文件。

! **提示：** 在Scratch软件中，使用菜单命令"保存到电脑"执行保存文件的操作时，每次都会弹出"另存为"对话框窗口，可以根据需要覆盖已存在的同名文件，或者用别的文件名保存为新文件。

积木说明

制作"欢乐打地鼠"游戏，需要使用"事件""控制""外观""自制积木"等模块中的一些积木，如图4-20所示。

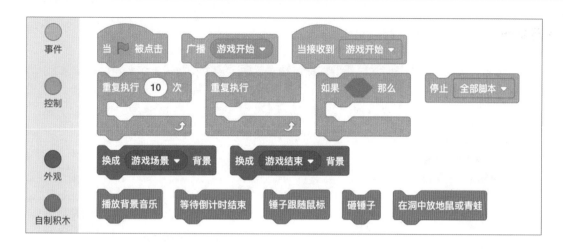

图4-20 "欢乐打地鼠"游戏的积木列表

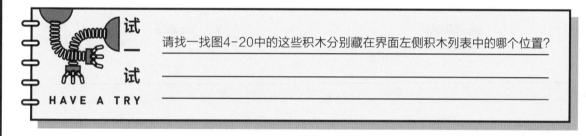

请找一找图4-20中的这些积木分别藏在界面左侧积木列表中的哪个位置?

_____

_____

H A V E A T R Y

在图4-20的积木列表中,"自制积木"模块中的一组积木用于构建"欢乐打地鼠"游戏的核心功能,它们分散在舞台、地鼠角色和锤子角色中。通过单击角色列表区的角色缩略图或背景缩略图,可以切换到各个角色或舞台的代码编辑区,然后在界面左侧的积木列表中找到项目模板中预置的自制积木,如图4-21所示。

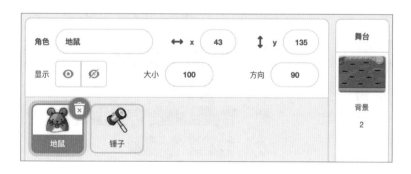

图4-21 "欢乐打地鼠"游戏的角色和背景缩略图

项目制作

为了实现"欢乐打地鼠"游戏，需要地鼠、锤子这两个角色和背景，这些角色和背景要实现的功能如图4-22所示。

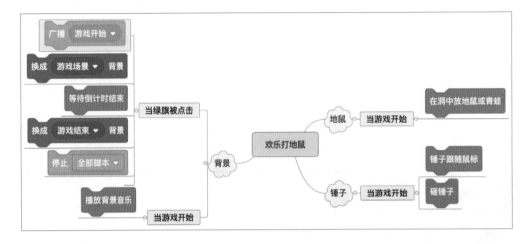

图4-22 "欢乐打地鼠"游戏的功能结构图

> **提示：** 图4-22中的自制积木已经实现了其特定功能，在编写"欢乐打地鼠"游戏时直接调用即可。通过后续课程的学习，你将能理解这些自制积木的具体实现方式和工作原理。

接下来，根据上面的功能结构图在项目模板中编写"欢乐打地鼠"游戏的代码。

第1步：编写舞台的代码

在角色列表区右侧单击舞台背景的缩略图，以切换到舞台的代码编辑区，然后使用图4-23中的积木编写舞台的代码。

图4-23 舞台的积木列表

一个Scratch项目通常需要有一个主程序。在这个游戏中，我们将主程序放在舞台的代码中，如图4-24所示。主程序的执行过程如下。

　　（1）当用鼠标单击舞台控制栏上的▐█按钮时，这个程序被触发执行。

　　（2）使用"广播"积木发送一个名为"游戏开始"的消息给项目中的所有角色。在当前角色或其他角色中可以使用"当接收到…"积木接收这个消息并进行相应的处理。

　　（3）使用"换成…背景"积木将舞台的背景切换为"游戏场景"。

　　（4）调用自制积木"等待倒计时结束"对游戏进行60秒的倒计时，在舞台上将可以看到"时间"数值框中的数值在减少。60秒的倒计时结束后，才会执行下一个积木。

　　（5）使用"换成…背景"积木将舞台的背景切换为"游戏结束"，在舞台上将显示含有"游戏结束"四个字的背景图。

　　（6）调用"停止（全部脚本）"积木，停止当前项目的全部脚本，使项目停止运行。

图4-24　舞台的代码

　　当接收到"游戏开始"的消息后，调用"播放背景音乐"积木以循环方式播放欢快的音乐，如图4-25所示。

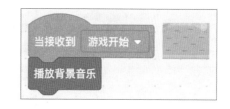

图4-25　播放背景音乐

第2步：编写地鼠角色的代码

在角色列表区中单击地鼠角色的缩略图  ，以切换到地鼠角色的代码编辑区，然后使用图 4-26中的积木编写地鼠角色的代码。

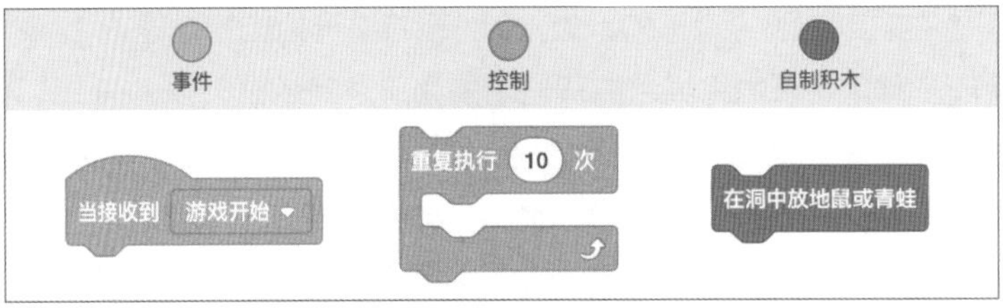

图4-26 地鼠角色的积木列表

当接收到"游戏开始"的消息后，使用"重复执行10次"积木和"在洞中放地鼠或青蛙"积木，在舞台上的10个地洞中随机地放置10只地鼠或青蛙，如图4-27所示。

图4-27 地鼠角色的代码

第3步：编写锤子角色的代码

在角色列表区中单击锤子角色的缩略图  ，以切换到锤子角色的代码编辑区，然后使用图 4-28中的积木编写锤子角色的代码。

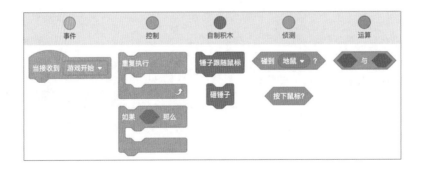

图4-28 锤子角色的积木列表

当接收到"游戏开始"的消息后，在"重复执行"
积木中嵌入代码，使用"锤子跟随鼠标"积木让锤子角
色跟随鼠标指针移动。如果锤子角色碰到地鼠角色并且
按下鼠标左键时，使用"砸锤子"积木让锤子角色产生
落下和抬起的动画效果，如图4-29所示。

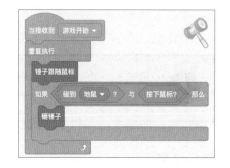

图4-29　锤子角色的代码

使用"碰到…"积木可以检测当前角色是否碰到另一个角色，也可以检测是否碰到鼠标指针或
舞台边缘。这个积木位于"侦测"模块的积木列表中，该积木上有一个倒三角形，单击它就会
打开一个列表，里面有"鼠标指针""舞台边缘"及角色的名字等选项。

按下鼠标?

使用"按下鼠标"积木可以检测到鼠标按键是否被按下，这个积木位于"侦测"模块的积木列
表中。

与

"…与…"积木，位于"运算"模块的积木列表中，是一个逻辑运算积木，它的返回值只有真
（true）和假（false）两种情况。这个积木需要两个条件参数，当两个条件都成立时，该积木
的返回值才会为真。这个积木通常和"如果…那么"积木配合使用，可以让程序具有判断功能。

在锤子角色的代码中，通过"如果…那么"积木、"…与…"积木、"碰到…"积木和"按下鼠
标"积木这4个积木的组合，可以检测到受鼠标控制的锤子是否砸到地鼠。当锤子角色碰到地鼠角
色并且单击鼠标左键时，"如果…那么"积木就会判断条件成立，选择执行"砸锤子"积木，从而产

生锤子落下和抬起的动画效果。

到这里，"欢乐打地鼠"游戏的代码就编写完毕了。

 提示： 为了保存创作的成果，在Scratch界面的菜单栏中执行"文件"→"保存到电脑"命令，将当前的项目保存到本地磁盘上。

运行程序

单击舞台上方的 ⚐ 按钮，玩一玩自己制作的游戏吧！

 ## 项目3 鲨鱼吃小鱼

项目描述

在快乐的音乐声中，一群各式各样的小鱼在舞台这个虚拟世界里自由自在地游动。请移动你手中的鼠标，控制鲨鱼去吃小鱼吧！

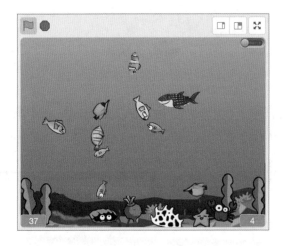

图4-30 "鲨鱼吃小鱼"游戏运行效果图

在游戏运行中，10只不同造型的小鱼在舞台上的海底场景中游来游去，时而向左转，时而向右转。玩家使用鼠标控制鲨鱼移动，当小鱼碰到鲨鱼的嘴巴时，就会被鲨鱼吃掉，玩家就能得一分，鲨鱼也会慢慢变大，如图4-30所示。

这个游戏限定时间为60秒，时间到则游戏结束，最后查看得分就知道鲨鱼吃到了多少条小鱼。

操控方法： 单击 开始玩游戏，移动鼠标 以控制鲨鱼去吃小鱼。

在制作这个游戏之前，不妨先玩一玩这个游戏，然后思考这个游戏是如何制作的。读者可在本书提供的资源包中找到这个游戏的完成版。

> **项目路径：** 资源包/第4章 趣味游戏/鲨鱼吃小鱼[完成版].sb3

快打开"鲨鱼吃小鱼"游戏，试玩一下吧！

准备工作

（1）从本书提供的资源包中找到名为"鲨鱼吃小鱼[模板].sb3"的项目文件。

> **项目模板路径：** 资源包/第4章 趣味游戏/鲨鱼吃小鱼[模板].sb3

（2）从Windows桌面启动Scratch软件，然后在菜单栏中执行"文件"→"从电脑中上传"命令，接着在弹出的对话框中找到并选择"鲨鱼吃小鱼[模板].sb3"文件，以打开游戏模板文件。

（3）打开"鲨鱼吃小鱼[模板]"项目后，单击角色列表中的缩略图，可以切换到各个角色的代码区，看到鲨鱼角色、小鱼角色和舞台预置的一些代码、造型（背景）、声音等。此外，还预置有音乐开关角色、螃蟹角色和贝壳角色等。这些角色的代码看上去比较复杂，但现在不用管它！

> **注意：** 请不要将这些角色中预置的代码随意修改或者删除！

（4）在Scratch界面的菜单栏旁边的项目名称框中，将"鲨鱼吃小鱼[模板]"修改为"鲨鱼吃小鱼"或其他名字；然后在菜单栏中执行"文件"→"保存到电脑"命令，将打开的项目模板文件另存为一个新的Scratch项目文件。

积木说明

制作"鲨鱼吃小鱼"游戏，需要使用"事件""控制""外观""自制积木"等模块中的一些积木，如图4-31所示。

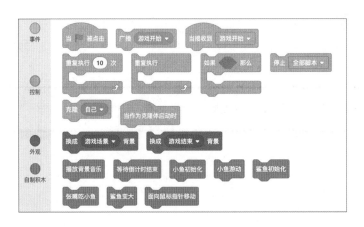

图4-31 "鲨鱼吃小鱼"游戏的积木列表

 试一试 HAVE A TRY 请找一找图4-31中的这些积木分别藏在界面左侧积木列表中的哪个位置？

在图4-31的积木列表中，"自制积木"模块中的一组积木用于构建"鲨鱼吃小鱼"游戏的核心功能，它们分散在舞台、鲨鱼角色、小鱼角色中。通过单击图4-32角色列表区的角色缩略图或背景缩略图，可以切换到各个角色或舞台的代码编辑区，然后在界面左侧的积木列表中找到项目模板中预置的自制积木。

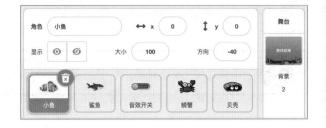

图4-32 "鲨鱼吃小鱼"游戏的角色和背景缩略图

项目制作

实现"鲨鱼吃小鱼"游戏，需要鲨鱼、小鱼这两个角色和背景，这些角色和背景要实现的功能结构如图4-33所示。

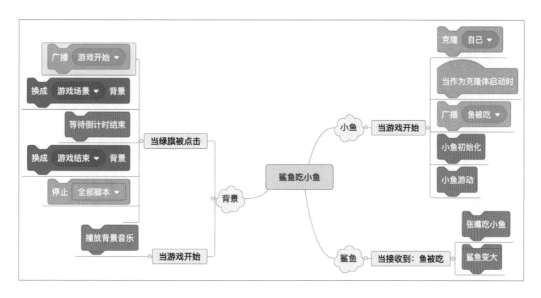

图4-33 "鲨鱼吃小鱼"游戏的功能结构图

另外，项目模板文件中还提供了音乐开关、螃蟹和贝壳三个辅助角色，并且已经为它们编写好功能代码，可直接使用。

> **提示：** 图4-33中的自制积木已经实现了其特定功能，在编写"鲨鱼吃小鱼"游戏时直接调用即可。通过后续课程的学习，你将能理解这些自制积木的具体实现方式和工作原理。

接下来，根据上面的功能结构图在项目模板中编写"鲨鱼吃小鱼"游戏的代码。

第1步：编写舞台的代码

在角色列表区右侧单击舞台背景的缩略图，以切换到舞台的代码编辑区，然后使用图4-34中的积木编写舞台的代码。

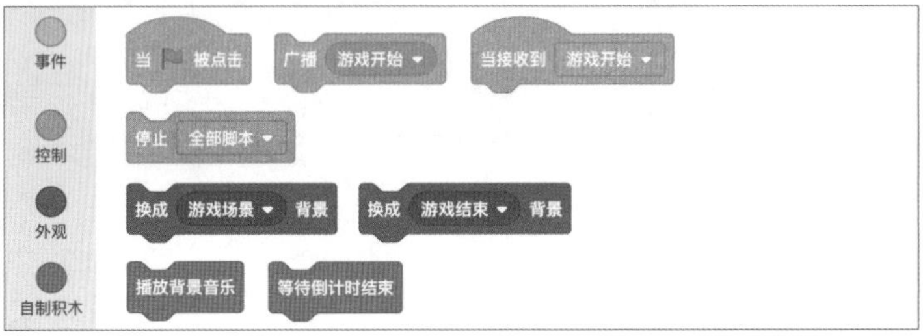

图4-34 舞台的积木列表

　　一个Scratch项目通常需要有一个主程序。在这个游戏中，我们将主程序放在舞台的代码中，如图4-35所示。主程序的执行过程如下。

　　（1）当用鼠标单击舞台控制栏上的 ▶ 按钮时，这个程序被触发执行。

　　（2）使用"广播"积木发送一个内容为"游戏开始"的消息给项目中的所有角色。在当前角色或其他角色中可以使用"当接收到…"积木接收这个消息并进行相应的处理。

　　（3）使用"换成…背景"积木将舞台的背景切换为"游戏场景"。

　　（4）调用自制积木"等待倒计时结束"对游戏进行60秒的倒计时，在舞台上将可以看到"时间"数值框中的数值在减少。60秒的倒计时结束后，才会执行下一个积木。

　　（5）使用"换成…背景"积木将舞台的背景切换为"游戏结束"，在舞台上将显示含有"游戏结束"四个字的背景图。

　　（6）调用"停止（全部脚本）"积木，停止当前项目的全部脚本，使项目停止运行。

图4-35 舞台的代码

当接收到"游戏开始"的消息后，调用"播放背景音乐"积木以循环方式播放欢快的音乐，如图4-36所示。

图4-36 播放背景音乐

第2步：编写小鱼角色的代码

在角色列表区中单击小鱼角色的缩略图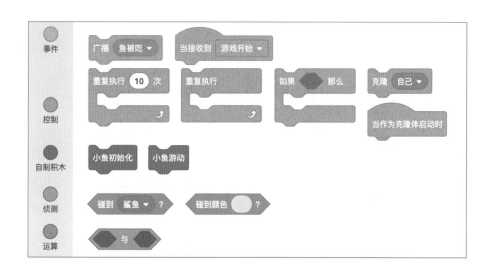，以切换到小鱼角色的代码编辑区，然后使用图4-37中的积木编写小鱼角色的代码。

图4-37 小鱼角色的积木列表

当接收到"游戏开始"的消息后，使用"重复执行10次"积木和"克隆（自己）"积木，在舞台中生成10只不同造型的小鱼，如图4-38所示。

图4-38 小鱼角色的代码(1)

在小鱼角色中，使用克隆技术生成10只小鱼。"克隆（自己）"积木被调用一次，就会生成一只小鱼。可以通过修改"重复执行…次"积木中的数字，设定需要生成的小鱼数量。

"克隆（自己）"积木和"当作为克隆体启动时"事件积木需要配合使用。当调用"克隆（自己）"积木时，会触发执行"当作为克隆体启动时"事件积木。在图4-39中，控制小鱼活动的代码被放在一个"重复执行"积木中，其执行过程如下。

（1）调用"小鱼初始化"积木对新生成的小鱼进行初始化。例如，将小鱼切换为任意造型，移到舞台左侧任意位置，隐藏小鱼1到10秒，等等。

（2）在"重复执行直到…"循环积木中，调用"小鱼游动"积木，让小鱼在舞台上任意游动，直到碰到鲨鱼并且碰到鲨鱼嘴巴附近的淡黄色（视为小鱼被鲨鱼吃掉），然后退出循环。

（3）使用"广播"积木发送"鱼被吃"的消息给项目中的所有角色，但只有鲨鱼角色需要处理这个消息。

以上过程在游戏运行中会被反复执行，直到整个项目结束。

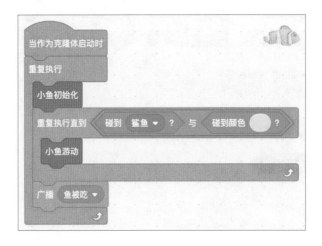

图4-39　小鱼角色的代码(2)

使用"碰到颜色…"积木可以检测当前角色是否碰到指定的颜色，这个颜色可以是舞台背景或其他角色上的某个颜色。这个积木位于"侦测"模块的积木列表中，该积木中有一个颜色块，

单击它就会弹出颜色设置面板，可以通过"颜色""饱和度""亮度"三个参数来设置需要的颜色。此外，还可以通过吸管工具从舞台上拾取某个颜色。首先在颜色设置面板中单击吸管工具图标①，整个软件界面将会变暗，只有舞台是高亮的；然后把鼠标指针移到舞台上，鼠标指针将变成一个放大镜（中心的小方块为取色点），在舞台上寻找需要的颜色②（例如鲨鱼嘴巴附近的淡黄色），并单击鼠标左键即可完成取色，如图4-40所示。

图4-40　用吸管工具从舞台上选取颜色

第3步：编写鲨鱼角色的代码

在角色列表区中单击鲨鱼角色的缩略图 ，以切换到鲨鱼角色的代码编辑区，然后使用图4-41中的积木编写鲨鱼角色的代码。

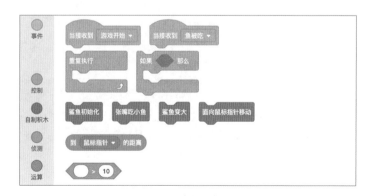

图4-41　鲨鱼角色的积木列表

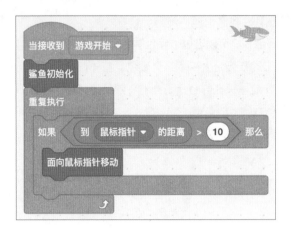

图4-42 鲨鱼角色的代码(1)

当接收到"游戏开始"的消息后,调用"鲨鱼初始化"积木对鲨鱼角色进行初始化(包括:设定角色大小、切换鲨鱼为闭嘴的造型、将鲨鱼放在舞台中心)。然后,在"重复执行"积木中按照某个条件让鲨鱼面向鼠标指针移动。也就是说,当鲨鱼角色到鼠标指针的距离大于10个单位时,就调用"面向鼠标指针移动"积木,让鲨鱼角色朝着鼠标指针所在的位置移动,如图4-42所示。

使用"到…的距离"积木可以检测当前角色到另一个角色或鼠标指针之间的距离。这个积木位于"侦测"模块的积木列表中,该积木上有一个倒三角形,单击它就会打开一个列表,里面可以选择"鼠标指针"选项或某个角色的名字。

大于运算积木(>)位于"运算"模块的积木列表中,是一个条件运算积木,它的返回值只有真(true)和假(false)两种情况。这个积木需要两个参数,当左边的参数大于右边的参数时,该积木的返回值为真(true),否则为假(false)。

当接收到"鱼被吃"的消息后，调用"张嘴吃小鱼"积木使鲨鱼角色的嘴巴一张一合，然后调用"鲨鱼变大"积木以增加鲨鱼的大小，如图4-43所示。

图4-43　鲨鱼角色的代码(2)

到这里，"鲨鱼吃小鱼"游戏的代码编写完毕。

> **！** **提示：**为了保存创作的成果，在Scratch界面的菜单栏中执行"文件"→"保存到电脑"命令，将当前的项目保存到本地磁盘上。

运行程序

单击舞台上方的 ▶ 按钮，玩一玩自己制作的游戏吧！

 小结

在本章的学习中，我们采用模块化的方法制作了"花猫接鸡蛋""欢乐打地鼠""鲨鱼吃小鱼"等有趣的小游戏。在这3个项目的制作过程中，读者接触到了"事件""控制""声音""外观""侦测""运算""自制积木"等模块中的一些积木，这些项目还涉及事件、侦测、广播消息、克隆等技术。

当你成功制作这几个游戏后，也许会觉得编程比较简单，那是因为其中用到的一些自制积木是在项目模板中已经实现好的。当你尝试去阅读这些自制积木的具体实现代码时，可能又会觉得比较复杂难懂。但是不用担心，只要你坚持学完本书，就一定能成为编程达人。

Note

—— 读书笔记 ——

Note 1   Date_____

○

○

○

○

○

○

Note 2   Date_____

○

○

○

○

○

○

Note 3   Date_____

○

○

○

○

○

○

在游戏编程中培养计算思维

谢声涛 编著

中国青年出版社

图书在版编目（CIP）数据

陪孩子玩Scratch：在游戏编程中培养计算思维：全三册 / 谢声涛编著
. -- 北京：中国青年出版社，2021.5
ISBN 978-7-5153-6354-7

I.①陪... II.①谢... III.①程序设计-青少年读物 IV.①TP311.1-49

中国版本图书馆CIP数据核字（2021）第062851号

陪孩子玩Scratch——
在游戏编程中培养计算思维（全三册）

谢声涛 / 编著

出版发行	中国青年出版社	印　刷	北京瑞禾彩色印刷有限公司
地　　址	北京市东四十二条21号	开　本	787×1092 1/16
邮政编码	100708	印　张	20.5
电　　话	（010）59231565	版　次	2021年8月北京第1版
传　　真	（010）59231381	印　次	2021年8月第1次印刷
企　　划	北京中青雄狮数码传媒科技有限公司	书　号	ISBN 978-7-5153-6354-7
		定　价	128.00元（全三册）（附赠独家秘料，含案例素材文件）

策划编辑	张　鹏
执行编辑	王婧娟
营销编辑	时宇飞
责任编辑	张　军
封面设计	乌　兰

本书如有印装质量等问题，请与本社联系
电话：（010）59231565
读者来信：reader@cypmedia.com
投稿邮箱：author@cypmedia.com
如有其他问题请访问我们的网站：http://www.cypmedia.com

INTRODUCTION
内容简介

　　少儿学编程，就从Scratch开始吧！《陪孩子玩Scratch：在游戏编程中培养计算思维》是专门为8岁以上零基础中小学生编写的Scratch 3.0编程入门教材。本书分为启蒙篇、入门篇和提高篇三部分，共16章。第一部分通过游戏闯关式课程和任务驱动式课程进行编程启蒙教育，让孩子在自主探索中锻炼观察能力和抽象思维能力，逐步掌握顺序、循环、分支和函数等程序设计的基础知识；第二、三部分通过PBL项目式学习课程进行Scratch编程基本知识和高级技术的学习，使用任务分解和原型系统的方法降低探索学习的难度，让青少年在学习创作趣味游戏项目的过程中潜移默化地培养计算思维，掌握人工智能时代不可或缺的编程能力。

　　本书适合作为8岁以上零基础中小学生的编程入门教材，也适合作为所有对图形化编程感兴趣的青少年的自学教材。

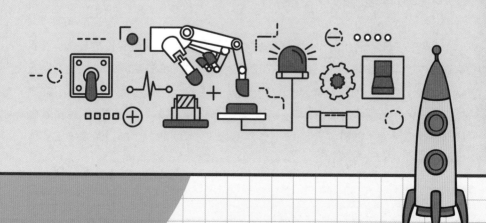

前言

PREFACE

　　人工智能时代悄然而至，编程被推上时代浪潮之巅。在教育领域，世界各地都在大力推进青少年编程教育的普及，一些国家甚至已经将编程列为中小学的必修课。

　　有一句话大家都很熟悉："计算机普及要从娃娃抓起"。编程也是如此，在中小学阶段就可以开展编程教育，培养和提高学生的信息素养。随着经济和科技水平的提高，每个人拥有一台计算机不再是梦想。身处信息时代，编程成为了一个人现代知识体系的重要组成部分，是和阅读、写作一样重要的基本技能。除了母语、外语，我们还应该掌握一种或多种编程语言，如Scratch、Python、C、C++等。在众多的编程语言中，图形化编程语言Scratch往往是广大中小学生学习的第一种编程语言。

　　《陪孩子玩Scratch：在游戏编程中培养计算思维》是专门为8岁以上零基础的中小学生编写的Scratch 3.0编程入门教材，集游戏闯关式课程、任务驱动式课程和PBL项目式学习课程于一体，鼓励青少年通过自主探索学习的方式构建Scratch编程的知识体系，使其在创作趣味游戏项目的过程中潜移默化地培养计算思维，掌握人工智能时代不可或缺的编程能力，成为未来科技的创造者。

本书特点

1. 本书是低起点、零基础的Scratch编程入门教材，适合家长陪伴孩子边玩边学，主动探索和创作有趣的项目，沿着"启蒙–入门–提高"的路径学习和掌握Scratch编程技术。

2. 本书采用游戏闯关式课程和任务驱动式课程进行编程启蒙教育，能够让孩子在自主探索中锻炼观察能力和抽象思维能力，逐步掌握顺序、循环、分支和函数等程序设计的基础知识。

3. 本书基于趣味游戏案例设计PBL项目式学习课程，能够激发孩子的学习内驱力，让孩子通过自主探索掌握Scratch编程的基本知识和高级技术，并且通过任务分解和原型系统降低了探索学习的难度，进而使孩子能够制作出完整而复杂的Scratch项目。

4. 本书设有"知识扩展"栏目，能够让孩子进一步学习与项目相关的编程知识和编程思想，弥补PBL项目式学习的短板，以使孩子系统地掌握Scratch编程知识和进行技术储备，进而自主地扩展现有项目或创作新项目。

5. 本书案例程序采用最新版本的Scratch 3.0软件编写，同时兼容有道卡搭Scratch 3.0在线版等替代软件。

本书主要内容

本书分为启蒙篇、入门篇和提高篇三部分，内容由浅入深、循序渐进，建议初学者按照顺序进行阅读和学习，打好编程基础。

第一部分是启蒙篇，安排4章内容。首先，介绍Scratch软件的安装方法、界面布局和基本的编程操作；然后，通过"经典迷宫"主题的游戏闯关式课程进行编程启蒙教育，让孩子跟随"愤怒的小鸟"游戏中的角色一起学习顺序、循环和分支等程序

设计的基础知识；接着，通过"海龟谜图"主题的任务式课程训练观察能力和抽象思维能力，让孩子掌握如何使用画笔积木绘制9个从易到难的几何图形；最后，引导孩子利用模块化思想创作"花猫接鸡蛋""欢乐打地鼠"和"鲨鱼吃小鱼"三个小游戏，感受Scratch编程的乐趣。

第二部分是入门篇，安排6章内容。通过6个简单的Scratch项目（"新兵介绍""士兵出击""敌人在哪里""射击训练""拆弹训练""小冰的回忆"），学习运用运动、外观、声音、事件、控制、侦测、运算、变量、自制积木等模块制作项目，并掌握Scratch的坐标和方向系统、角色的外观切换、角色运动和碰撞检测、广播和接收消息、图像特效的使用等编程技术。在"知识扩展"栏目中，孩子将进一步学习事件驱动编程模式、变量和表达式、列表的使用、碰撞检测的多种方式、数字和逻辑运算等内容，以及利用广播消息和自制积木实现分而治之的编程策略。

第三部分是提高篇，安排6章内容。孩子将利用功能分解、原型系统等方法制作6个难度中等或复杂的Scratch项目（"登陆月球""停车训练""导弹防御战""高炮防空战""深海探宝""疯狂出租车"），涉及火焰特效和照明特效的制作、屏幕滚动、关卡设计等高级编程技术。在"知识扩展"栏目中，孩子将进一步学习按键事件与按键侦测、优化碰撞检测、面向对象编程模式、列表的高级用法等内容，以及制作地图编辑器和游戏框架的方法。本篇将通过大型Scratch项目的设计与实践，有效地锻炼和提高孩子的编程能力。

学习资源

(1) 本书资源下载

本书附带的资源包括各个案例的程序文件和素材，读者可关注微信公众号"小海豚科学馆"，选择菜单中的"资源/图书资源"选项就能得到资源包的下载方式。

(2) 在线答疑平台

本书提供QQ群（149014403）、微信群和"三言学堂"知识星球社区等多种在线平台为读者解答疑难和交流学习。添加微信号（87196218）并说明来意，可获得进入微信群和"三言学堂"知识星球社区的邀请。由于作者水平所限，本书难免会有错误，敬请读者朋友批评指正。

(3) 进阶学习图书

在学习完本书之后，推荐使用以下两本教材继续学习Scratch编程，以进一步提高编程水平，为以后参加Scratch编程等级考试或编程大赛打下扎实的基础。

◇《Scratch编程从入门到精通》（ISBN：978-7-302-50837-3，清华大学出版社）。

◇《"编"玩边学：Scratch趣味编程进阶——妙趣横生的数学和算法》（ISBN：978-7-302-49560-4，清华大学出版社）。

本书适用对象

本书适合作为8岁以上零基础中小学生的编程入门教材，也适合作为所有对图形化编程感兴趣的青少年的自学教材。建议低龄小学生由家长陪伴进行学习，共同感受编程的神奇魅力。

千里之行，始于足下。现在就开始踏上奇妙的Scratch编程之旅吧！

谢声涛　2020年9月

目录

CONTENTS

第二部分
入门篇

第 5 章

新兵介绍·················88

◇项目描述·····················88
◇技术探索·····················89
　探索 1：漫画式说话和思考········90
　探索 2：人机问答···············91
　探索 3：文字朗读···············92
　探索 4：制作动画···············93
◇项目制作·····················95
◇知识扩展：事件驱动编程模式···101

第 6 章

士兵出击·················104

◇项目描述·····················104
◇技术探索·····················105
　探索 1：变量的使用············106
　探索 2：让角色四处移动·········107
　探索 3：让角色"活"起来·········110
◇项目制作·····················111
◇知识扩展：变量和表达式········115

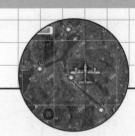

第 7 章

敌人在哪里·················118

◇项目描述·····················118
◇技术探索·····················119
　探索 1：自己绘制造型···········120
　探索 2：角色精确移动···········122
　探索 3：用图章绘画············124
　探索 4：播放声音·············125
◇项目制作·····················127
◇知识扩展：列表的使用·········131

第 8 章

射击训练·················· 134

◇ 项目描述·················· 134

◇ 技术探索·················· 135

　探索 1：举枪瞄准效果········· 136

　探索 2：随机数的使用········· 137

　探索 3：角色碰撞检测········· 138

◇ 项目制作·················· 139

◇ 知识扩展：碰撞检测的多种

　方式····················· 143

第 9 章

拆弹训练·················· 148

◇ 项目描述·················· 148

◇ 技术探索·················· 149

　探索 1：实现倒计时功能········ 150

　探索 2：时间格式化··········· 151

　探索 3：在角色间传递消息······ 151

◇ 项目制作·················· 154

◇ 知识扩展：数字和逻辑运算····· 161

第 10 章

小冰的回忆················ 164

◇ 项目描述·················· 164

◇ 技术探索·················· 165

　探索 1：实现高亮按钮········· 166

　探索 2：轮换显示图片········· 166

　探索 3：使用图像特效········· 167

　探索 4：制作过场动画········· 169

◇ 项目制作·················· 171

◇ 知识扩展：分而治之的策略····· 177

PART 2

入门篇

02

第5章

新兵介绍

想制作一个具有交互性的多媒体作品吗？在Scratch中，你可以和计算机中的虚拟人物进行漫画风格的对话，或者让虚拟人物开口说话、朗读诗词等。

本章以"新兵介绍"项目为核心，讲解Scratch漫画风格交互技术和文字朗读技术。本项目涉及漫画式说话和思考、人机问答、文字朗读和制作动画等方面的编程知识。

 项目描述

舞台上来了一位新兵，他的名字叫小兵，如图5-1（a）所示。当你单击他时，他会向你敬礼，询问你的名字，跟你打招呼、做介绍。当你按下空格键时，舞台上会出现另一位新兵，她的名字叫小冰。她拿着对讲机说话，你能听到她说话的声音，如图5-1（b）所示。

（a）　　　　　　　　　　　　（b）

图5-1　"新兵介绍"项目效果图

项目路径：资源包/第5章 新兵介绍/新兵介绍.sb3

运行看看项目包含哪些元素，思考这个项目是如何制作的。

操控方法：单击 ▶ 按钮运行程序，单击舞台上的角色并与角色对话，按下空格键 空格 切换舞台背景。

⊘ **注意：**该项目使用文字朗读技术，请让你的计算机保持畅通的互联网连接。如果文字朗读积木不能正常工作，请使用有道卡搭Scratch在线版运行该项目。

 技术探索

为了制作"新兵介绍"项目，需要用到图5-2中的这些积木。请在Scratch界面左侧的积木列表中找一找，看看这些积木分别躲藏在哪里？

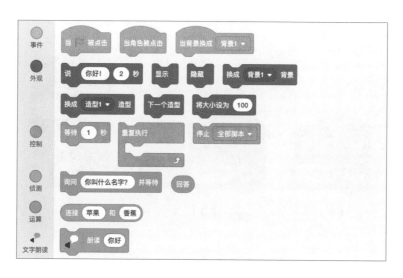

图5-2 "新兵介绍"项目的积木列表

在制作"新兵介绍"项目之前，让我们先对其中使用到的一些编程技术进行探索。

探索 1：漫画式说话和思考

在Scratch中，使用"外观"模块中的"说"和"思考"积木，可以让角色产生漫画风格的说话和思考效果，如图5-3所示。

图5-3　漫画风格的说话和思考效果

图5-4中的3个程序都能够实现让小猫角色说出"你好！"的效果。其中，程序（a）能够让小猫说话的内容一直存在，直到用别的内容代替，或者用空内容让气泡框消失；程序（b）只能让小猫说话的内容保持2秒，之后会自动消失；程序（c）与程序（b）的功能一样，使用"等待2秒"积木让气泡框存在2秒，然后用"说"积木显示空内容，可让角色的气泡框消失。

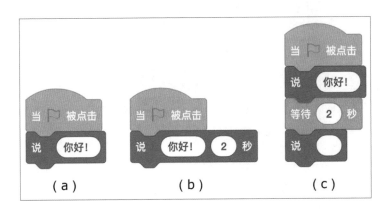

图5-4　让小猫角色说话的三个程序

图5-5中的这3个程序与图5-4中3个程序的功能一样,唯一的区别在于气泡框的外形。在制作项目时,我们需要根据具体的使用场合灵活使用"说"或"思考"积木。

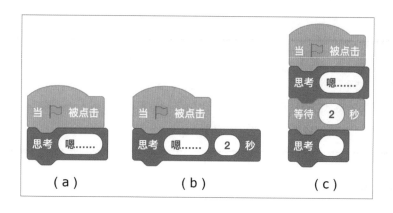

图5-5　让小猫角色思考的三个程序

探索2：人机问答

在Scratch中,使用"侦测"模块中的"询问…并等待"积木和"回答"积木,可以实现用户与角色之间的问答交互功能。

图5-6中的这个程序演示通过小猫角色向用户发出一个询问,并等待用户的响应,用户则通过键盘输入内容作为反馈。用户输入完毕后,需要按下回车键,或者单击询问框右侧的对号按钮。这样,用户输入的内容就会存放到"回答"积木中,然后可以根据需要使用"说"积木将"回答"积木的内容显示出来。

图5-6　人机问答程序

单击 ▉ 按钮运行图5-6中的示例程序，舞台中的小猫将会对向你发出询问"你叫什么名字？"，然后等待你的响应。当你输入"小兵"并按下回车键后，"小兵"二字就被存放到了"回答"积木中。接着，程序使用"连接…和…"积木把"你好，"和"回答"积木中的内容连接起来，并使用"说"积木将其显示在气泡框中，于是可以看到小猫说出"你好，小兵"。

> **提示：** 连接 ⬭ 和 ⬭ 积木位于"运算"模块，用于将两个字符串连接成一个新的字符串。这个积木有两个文本框，可以在文本框中填写任意文本，或者在文本框中嵌入"回答"积木，它会将两个文本框中的内容连接起来，得到一个新的字符串，然后使用"说"积木或者其他积木将它的内容显示出来。

探索 3：文字朗读

在Scratch中，使用"文字朗读"模块中的"朗读"积木，可以让计算机朗读一段文字，它支持中文、英文、日文等多种语言文字。

"文字朗读"模块有3个积木，分别用于文字朗读、噪音设置和语言设置，如图5-7所示。

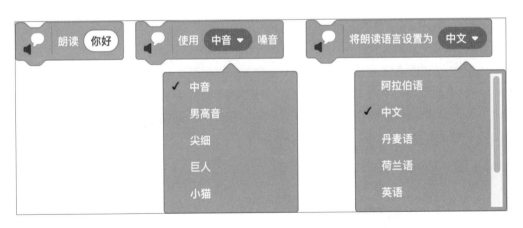

图5-7 "文字朗读"模块的3个积木

> **提示：** 要添加"文字朗读"模块，可单击界面左下方的"添加扩展"按钮 ▣⁺，然后在打开的"选择一个扩展"区域中选择"文字朗读"扩展选项，将这个扩展添加到界面左侧的积木列表中。建议在有道卡搭Scratch在线版中使用"文字朗读"模块。

图5-8的程序演示了使用中音和男高音两种嗓音朗读唐诗《春江花月夜》前四句的效果。

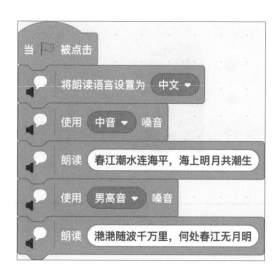

图5-8 朗读唐诗

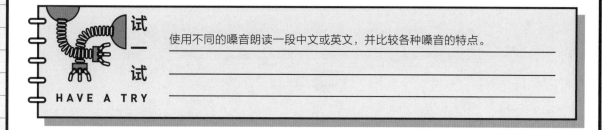

使用不同的嗓音朗读一段中文或英文，并比较各种嗓音的特点。

HAVE A TRY

探索4：制作动画

制作动画是Scratch的一个主要应用方式。使用"外观"模块中的"下一个造型"积木或者"换成…造型"积木，以一定的时间间隔不断地切换角色的造型图片，就能基于人眼的视觉暂留现象看到动画效果。

图5-9程序使用Scratch角色库中的Batter角色实现了一个打棒球的动画效果。Batter角色有四个挥动球棒的造型，利用"下一个造型"积木以0.2秒的间隔不停地切换各个造型，就能产生打棒球的动画效果。由于我们在程序中使用了"重复执行"积木，因此运行这个程序后，舞台上挥动球棒的动画就会一直持续下去。

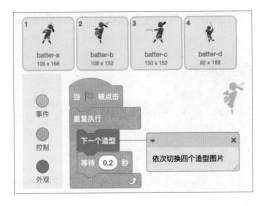

图5-9 打棒球动画程序

从角色库中添加角色

Scratch内置内容丰富的角色库，为制作各式作品提供极大的便利。在角色列表区中单击 按钮，打开Scratch角色库以查找需要的角色，然后单击某个角色即可将其添加到角色列表中。例如，在制作打棒球动画时选择添加Batter角色，如图5-10所示。

图5-10 从Scratch角色库中添加角色

除了使用"下一个造型"积木切换角色的造型之外，还可以使用"换成…造型"积木。单击这个积木中的小三角形，将会显示一个造型名称列表。这里列出了Batter角色中4个造型的名称，如图5-11所示。

图5-11 通过造型名称切换角色的造型

使用"换成…造型"积木来实现图5-9中的打棒球动画程序。

项目制作

前面的技术探索已完成，现在开始制作"新兵介绍"项目。

项目素材路径： 资源包/第5章 新兵介绍/素材

新建项目

从桌面启动Scratch软件，就默认创建了一个新的项目，我们将其以"新兵介绍.sb3"的文件名保存到本地磁盘上。

添加舞台背景

将鼠标指针移到界面右下角的 按钮上短暂停留，然后在弹出的添加背景工具栏中单击"上传背景"按钮 ，就可以从本地磁盘上选择图片文件上传到Scratch项目中作为舞台的背景。

按上述方法将本项目使用的两张图片（山地场景.png和丛林场景.png）上传到Scratch项目中作为舞台的背景。图片文件上传后，即可在舞台区中作为背景显示出来，也可以到舞台的背景区域中查看，见图5-12。

图5-12　舞台的背景区域

> **提示：** 背景区域中的"背景1"背景是Scratch默认创建的，可将其删除。

添加角色

将鼠标指针移到界面右下方的 按钮上短暂停留，然后在弹出的添加角色工具栏中单击"上传角色"按钮 ，可从本地磁盘上选择图片文件上传到Scratch项目中作为角色。

按上述方法从本地磁盘上的本项目素材文件夹中选择两张图片（小兵1.png和小冰1.png）上传到Scratch项目中作为角色。图片文件上传后，即可在角色列表区中生成两个角色的缩略图，如图5-13所示。

图5-13　角色列表区

在角色列表区中，单击选中"小兵1"缩略图，然后在角色信息面板中将角色"小兵1"的名称修改为"小兵"。同样地，将角色"小冰1"的名称修改为"小冰"。

 提示： 将角色列表区中的"角色1"删除，这个角色是Scratch默认创建的，在本项目中没有用。

在"新兵介绍"这个项目中，小兵角色有敬礼和立正两个造型，小冰角色有张嘴和闭嘴两个造型。在使用上述方法添加角色时，每个角色仅添加了一个造型，还需要添加另一个造型。

在角色列表区中，单击选中小兵角色的缩略图，将切换到小兵角色的工作区。然后在界面左上方单击"造型"标签，切换到小兵角色的造型编辑区。

添加造型

将鼠标指针移到界面左下方的 按钮上短暂停留，然后在弹出的添加造型工具栏中单击"上传造型"按钮 ，就可以从本地磁盘上选择图片文件上传到Scratch项目中作为造型使用。

按上述方法从本地磁盘上的本项目素材文件夹中选择"小兵2.png"图片文件上传到Scratch项目中作为小兵角色的造型。图片文件上传后，即可在造型列表中看到造型的缩略图，如图5-14所示。

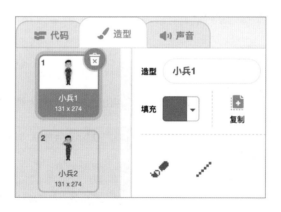

图5-14　小兵角色的造型列表

在造型列表中，单击选中"小兵1"缩略图，然后将"小兵1"的造型名称修改为"立正"。按此方法，将"小兵2"的造型名称修改为"敬礼"。

同样地，从本地磁盘上的本项目素材文件夹中选择"小冰2.png"图像文件，然后上传到Scratch项目中作为小冰角色的第2个造型。最后，将小冰角色的两个造型"小冰1"和"小冰2"的名称分别修改为"张嘴"和"闭嘴"。

 提示： 在使用"换成…造型"积木时，可根据造型的名称为角色切换造型。将造型名称修改为有意义的名字，可提高代码的可阅读性，减少出错的概率。

编写代码

准备好舞台的背景和角色的造型之后，就可以为角色编写代码了。

1. 编写小兵角色的代码

当单击 🚩 按钮运行项目后，将舞台背景切换为"山地场景"，让小兵角色站立在舞台的中间，如图5-15所示。

 提示： 适当调整小兵角色在舞台上的位置，使其双脚放在舞台底部的中间位置。

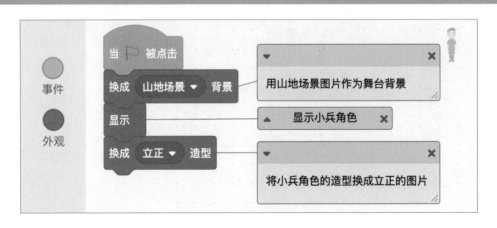

图5-15　小兵角色的代码（1）

当用鼠标指针单击舞台上的小兵角色时，让小兵角色敬礼，然后询问用户的名字。在用户回答之后，让小兵开始进行自我介绍，如图5-16所示。

当用户按下空格键时，让小兵角色隐藏，然后将舞台背景切换为"丛林场景"，如图5-17所示。

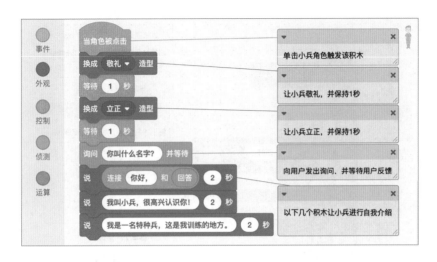

图5-16　小兵角色的代码（2）

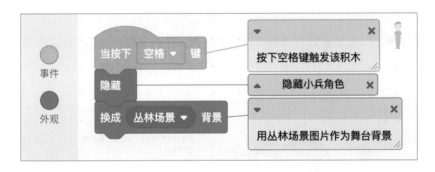

图5-17　小兵角色的代码（3）

2. 编写小冰角色的代码

单击 🚩 按钮运行项目后，先隐藏小冰角色。因为在这个项目中，先出场的是小兵角色。实现这一功能的代码如图5-18所示。

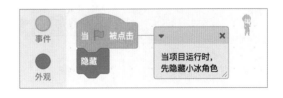

图5-18　小冰角色的代码（1）

当舞台的背景切换为"丛林场景"时，让小冰以语音方式进行介绍，实现这一功能的代码如图5-19所示。

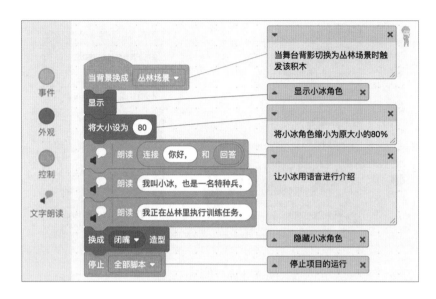

图5-19　小冰角色的代码（2）

当小冰进行介绍时，让她的嘴巴也跟着动起来，这样说话比较自然。实现这一功能的代码如图5-20所示。

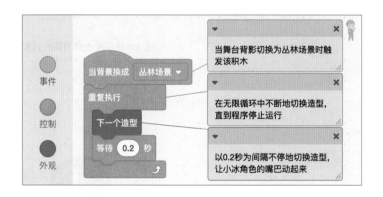

图5-20　小冰角色的代码（3）

至此，"新兵介绍"项目创作完毕。

运行程序

单击  按钮运行项目，观看自己的创作成果吧！也可以分享给小伙伴欣赏哦！

知识扩展

事件驱动编程模式

在现实世界中，事件驱动是普遍存在的一种做事策略。当有人敲门时，你会去开门；当天下大雨时，你会去关窗户、收衣服；当你感到渴时，你会去喝水；当手机没电时，你会去充电；当上课铃声响时，你会回到自己的座位上……事件驱动五花八门，不胜枚举。总而言之，它就是当某个事件发生时，人们就去做某个事情。

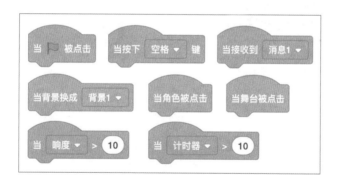

图5-21　Scratch的事件积木

现代程序设计普遍采用基于事件驱动的编程模式，Scratch也不例外。Scratch专门提供有一类事件积木，如图5-21所示。在编程时，我们可以采用事件驱动的编程策略，根据不同的事件，设计和编写各种处理程序。例如：当 按钮被单击时，编写程序初始化代码；当角色被单击时，让角色说话；当背景切换时，转到另一个故事；当按下键盘的上、下、左、右方向键时，让角色分别朝对应的四个方向运动；当计时器的值大于某个数值时，让游戏结束等。

初学者往往有一种误解，认为只有单击舞台区控制栏上的  按钮后，Scratch项目才开始运行，其实不然，当在Scratch软件中打开一个项目后，这个项目就已经开始运行了。当某个事件发生时，就会触发执行相应的程序。

我们可以编写一个简单的程序进行验证。打开Scratch软件，在默认创建的小猫角色中编写图5-22的代码。这个程序非常简单，只有两个积木，用于响应按下空格键的事件。这时，不需要单击舞台控制栏上的  按钮，直接按下空格键，就会看到舞台上的小猫说出"你好！"。由此可见，上述说法是正确的。

图5-22　响应按下空格键事件的代码

另外，使用舞台控制栏上的 ⬣ 按钮，并不能彻底地停止Scratch项目的运行。使用图5-22中的程序进行验证，按下空格键以触发程序执行，并在1秒之内单击 ⬣ 按钮。这时，小猫说话的气泡框消失了。然后，再次按下空格键，小猫又会说话。由此可见，单击 ⬣ 按钮，只能停止运行中的程序。当新的事件发生时，响应事件的程序仍然会被触发执行。

图5-23　一直说话的小猫

图5-23是利用计时器事件编写的让小猫一直说话的程序。新建一个项目，编写出图中的程序，不用保存，在程序积木上单击即可让程序运行。每隔3秒，计时器事件就会被触发，紧接着就被归零。这样计时器事件会一次又一次地被触发，小猫就会一直说话。

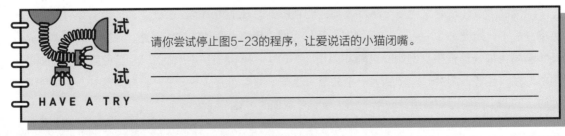

请你尝试停止图5-23的程序，让爱说话的小猫闭嘴。

Note

—— 读书笔记 ——

Note 1　　　Date＿＿＿＿＿＿＿＿

○

○

○

○

○

○

Note 2　　　Date＿＿＿＿＿＿＿＿

○

○

○

○

○

○

Note 3　　　Date＿＿＿＿＿＿＿＿

○

○

○

○

○

○

第6章

士兵出击

想要让角色在舞台上进行表演吗？你可以创建虚拟的士兵、潜水艇、瓢虫或棕熊等各种各样的角色，然后通过键盘或鼠标控制角色朝着各个方向自由运动，让静态的造型图片在虚拟世界中"活"过来，并按你设计的剧本进行各种表演。

本章以"士兵出击"项目为核心，讲解在Scratch中控制角色运动的方法。本项目涉及变量的使用、位置和方向控制、造型切换控制等方面的编程知识。

项目描述

舞台上有一位全副武装的士兵，他在等待行动的指令。现在，你是一位指挥官，快来给这位士兵发出行动指令吧！

单击 ▶ 按钮运行项目，舞台上的士兵就"活"过来了，他举着枪朝着舞台右边走去，但当碰到舞台边缘时就无法继续前进。要指挥士兵改变方向，只要按下键盘上的某个方向键，他就会听从你的指挥朝着指定的方向前进，如图6-1所示。

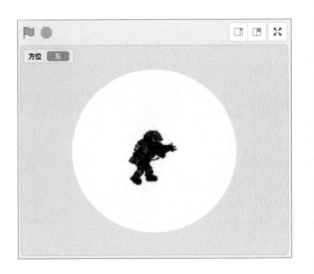

图6-1 "士兵出击"项目效果图

项目路径： 资源包/第6章 士兵出击/士兵出击.sb3

运行这个项目玩一玩，看看这个项目包含哪些元素，思考这个项目是如何制作的。

操控方法： 单击 🏳 按钮运行程序，按下方向键 ⬅⬆➡⬇ 控制角色移动。

技术探索

为了制作"士兵出击"项目，我们需要用到图6-2中的这些积木。请在Scratch界面左侧的积木列表中找一找，看看这些积木分别躲藏在哪里？

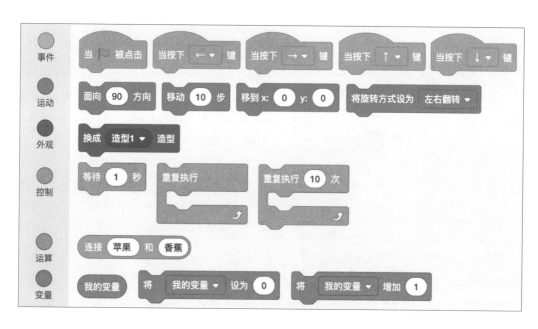

图6-2 "士兵出击"项目的积木列表

在制作"士兵出击"项目之前，让我们先对其中使用到的一些编程技术进行探索。

探索1：变量的使用

在使用Scratch制作项目时，需要和各种各样的数据打交道。例如，在游戏中需要记录玩家的得分，增加或减少玩家的生命值，对游戏的时间进行倒计时等。

Scratch提供变量积木用于存放数据。通俗地说，变量就像是一个盒子，可以把各种数据存放在盒子里面；在需要的时候，还可以从盒子里把数据取出来。例如，我们可以把一个数字或者是一本图书的名字存放在变量中。

创建变量的方法： 在图6-3中，单击界面左侧的"变量"按钮①，以显示变量模块的积木列表。然后，在积木列表中找到并单击"建立一个变量"按钮②，打开"新建变量"对话框。接着，在"新变量名"文本框③中输入变量的名字（例如"得分"），再单击"确定"按钮④。这样就能创建一个名为"得分"的变量，并且在界面左侧的积木列表中会出现名字为"得分"的变量积木⑤。另外，这个新建的"得分"变量也会出现在舞台中。如果不想在舞台上显示"得分"变量，那么在积木列表中取消对"得分"变量积木复选框的勾选即可将其隐藏。

图6-3　创建新变量的步骤

图6-4中的程序用于实现求两个数之和的功能。程序中创建了三个变量：a、b、c，分别用于两个加数和它们的和。这个程序运行时，首先通过一个"询问"积木让用户输入第1个数并存放在变量a中，接着通过另一个"询问"积木让用户输入第2个数并存放在变量b中，然后将变量a的值加上变量b的值求和存放在变量c中，最后将存放两数之和的变量c的值用"说"积木让小猫说出来。

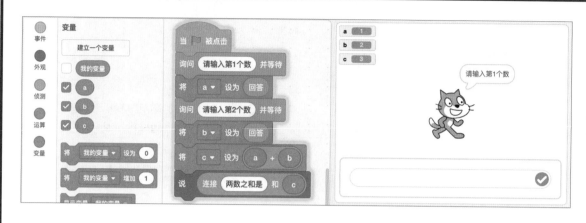

图6-4　求两个数之和的程序

在上面的程序中，使用"将（a）设为…"积木把"回答"积木中的内容存放到变量a中。这种方法在专业上称为"赋值"，即给一个变量赋予一个值。

在"将…设为…"积木中有一个小三角形，单击它将显示一个下拉菜单，列出在当前角色中建立的各个变量的名字，用户可以在其中选择并切换为其他变量名。

探索2：让角色四处移动

在Scratch中，舞台是角色的活动空间。那么，如何控制角色在舞台上活动呢？想一想，在进行队列训练时，老师是如何指挥全班同学移动的呢？老师会发出"向左转""向右转""齐步走""立定"等指令，同学们听到哪个指令就执行哪个动作，整个队伍就可以有条不紊地移动。

在Scratch中，可以使用"左转…度"和"右转…度"积木控制角色改变方向，使用"移动…步"积木可以控制角色朝着设定的方向前进一段距离。图6-5中的程序先将小瓢虫移到舞台的中心位置(x:0,y:0)，然后使用"移动100步"积木让小瓢虫向正东方向移动100步。在Scratch中，角色的初始方向默认为正东方向（即90°方向），因此小瓢虫在未指定方向时是向正东方向移动的。

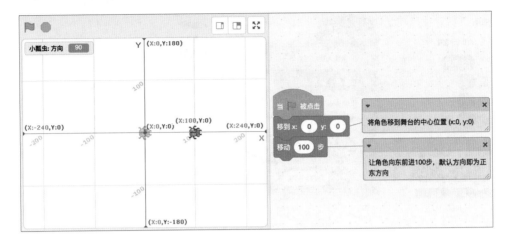

图6-5　控制小瓢虫向正东移动100步

Scratch采用两种方法计量方向。沿着顺时针方向以正数计量，即以正北方向为0°，正东为90°，正南为180°，正西为270°，如图6-6(a)所示；沿着逆时针方向以负数计量，即以正北方向为0°，正西为-90°，正南为-180°，正东为-270°，如图6-6(b)所示。

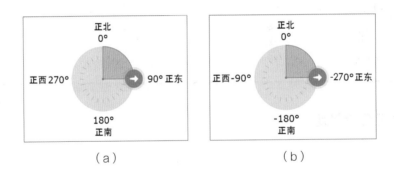

（a）　　　　　　　　　　　　　（b）

图6-6　Scratch的方向计量方式

使用"面向…方向"积木，可以直接设定角色的方向；使用"右转…度"积木，可以在当前方向的基础上，让角色向右旋转指定的角度；使用"左转…度"积木，可以在当前方向的基础上，让角色向左旋转指定的角度。

图6-7中的程序演示通过"左转…度""右转…度"和"移动…步"积木控制角色（小瓢虫可在Scratch软件角色库中找到）在舞台上自由移动。程序开始运行时，先将角色移动到舞台中心(x:0,y:0)位置，并让角色面向正东方向（即90°）。当按下左方向键时，角色向左旋转15度；

当按下右方向键时，角色向右旋转15度；当按下上方向键时，角色向前移动10步；当按下下方向键时，角色向后移动10步（即前进−10步）。

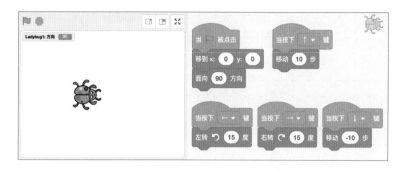

图6-7　控制小瓢虫四处移动的程序

> **提示：** 在使用"面向…方向""左转…度""右转…度"和"移动…步"这四个积木时可以使用负数值。例如，"面向−270方向"等于"面向90方向"，"左转−15度"等于"右转15度"，"右转−15度"等于"左转15度"。Scratch没有提供控制角色后退的积木，但在"移动…步"积木中使用负数值可实现让角色后退的功能。例如，使用"移动−10步"积木可以让角色后退10步。

图6-8中的程序使用一个名为"方向"的变量保存角色的方向，在程序运行时，角色会按照"方向"变量中存放的数值面向指定的方向。当按下不同的方向键，"方向"变量中的数值会被修改为相应的方向数值，角色的前进方向也会随之改变。

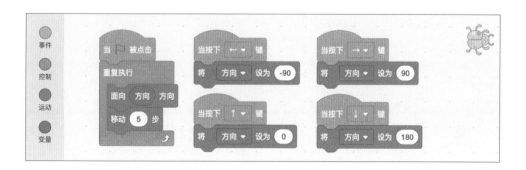

图6-8　用变量控制角色的方向

探索3：让角色"活"起来

为了让舞台中的角色更加自然地运动，需要通过"角色移动+造型切换"的方法让角色"活"起来。图6-9中的程序是演示一只行走棕熊的动画效果。在程序中，让棕熊角色每移动5步就更换一个造型，然后等待0.2秒，这样重复不断地进行，就可以产生棕熊行走的效果。

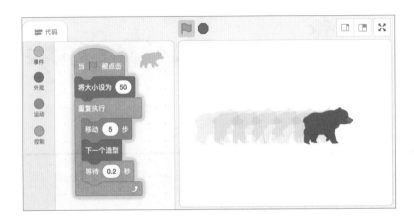

图6-9　行走的棕熊

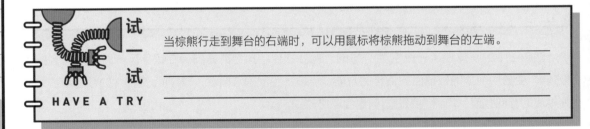

当棕熊行走到舞台的右端时，可以用鼠标将棕熊拖动到舞台的左端。

棕熊角色可以从Scratch的角色库中导入。这个角色有8个步态不同的造型，如图6-10所示。使用"下一个造型"积木循环往复地切换这些造型，就能产生棕熊原地行走的效果。然后，通过"移动…步"积木不停地移动棕熊角色，就能让棕熊"活"过来，在舞台上自由自在地行走。

图6-10　棕熊角色的造型

项目制作

经过前面的技术探索，现在可以开始制作"士兵出击"项目了。

项目素材路径： 资源包/第6章 士兵出击/素材

新建项目

从桌面启动Scratch软件，将默认创建的新项目以"士兵出击.sb3"的文件名保存到本地磁盘上。

添加舞台背景

单击界面右下角的 按钮，或者在这个按钮上短暂停留，然后在弹出的添加背景工具栏中单击 按钮，就可以打开"选择一个背景"区域，从中选择需要的背景图片设定为舞台的背景，如图6-11所示。

图6-11 "选择一个背景"区域

按上述方法，从Scratch背景库中选择一个名为Light的背景图片作为舞台的背景，所添加的背景图片会在舞台区中作为背景显示出来。

添加角色

新建角色的方法：将鼠标指针移到界面右下方的 按钮上短暂停留，然后在弹出的添加角色工具栏中单击 按钮，就可以将一个空角色添加到角色列表中。然后，在角色信息面板中将角色的名称修改为"士兵"。

 提示：将角色列表区中的"角色1"删除，这个角色是Scratch默认创建的，在本项目中没有用。

添加造型的方法：在界面左上角区域单击"造型"选项卡，切换到新建角色"士兵"的造型编辑区。然后，将鼠标指针移到界面左下方的 按钮上短暂停留，再在弹出的添加造型工具栏中单击 按钮，从本地磁盘上选择图片文件上传到Scratch项目中作为造型使用。

按上述方法从本地磁盘上的本项目素材文件夹中选择16个PNG格式的图片上传到Scratch软件中作为士兵角色的造型，如图6-12所示。图片文件上传后，即可在造型列表中看到造型的缩略图。

这16个造型可以分为东、南、西、北4组，每组4个造型。在"士兵出击"项目中，士兵角色可以朝东、南、西、北4个方向行走，往哪个方向行走，就选择与之对应的一组造型，然后在这组造型中不断切换各个造型以产生行走的动画效果。为此，分别以东、南、西、北4个方位作为造型名字的开头，将16个造型重新命名，如图6-13所示。

在造型列表中有一个名为"造型1"的空造型，它的大小是0×0，即宽度和高度都是0。这是一个无用的造型，可以将其删除。

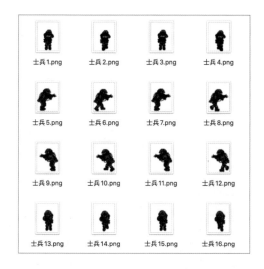

图6-12　士兵的4组造型图片

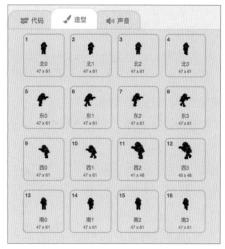

图6-13　按4个方位为造型命名

编写代码

准备好舞台的背景和角色的造型之后，就可以为角色编写代码了。

1. 编写士兵移动的代码

当单击██按钮运行项目后，让士兵角色从舞台中心向正东方向（右方）移动，实现这一功能的代码如图6-14所示。

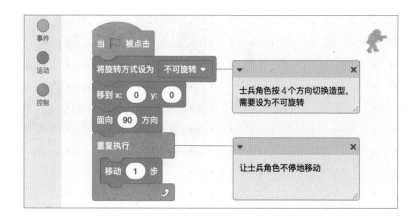

图6-14　让士兵向正东方向（右方）移动的代码

上面的代码使用"重复执行"积木让士兵角色朝着某个方向不停地移动。当角色本身的方向改变时，角色移动的方向也会随之改变。

这时运行项目，只会看到士兵角色朝着正东方向（右方）缓慢移动，但是不会有行走的效果。

2. 编写士兵切换造型的代码

为了实现行走的效果，在让士兵角色移动的同时，还要让它按照前进的方向切换不同的造型。实现这一功能的代码如图6-15所示。

在图6-15的代码中，我们使用变量"方位"存放士兵角色的方向，并根据它的值来确定切换至东、南、西、北四组造型中的一组。由于角色的初始方向是正东方向（右方），因此，当单击▶运行项目后，先将变量"方位"的值设定为"东"，这样就可以选择向东行走的一组造型，使之不停地切换以产生行走的效果。

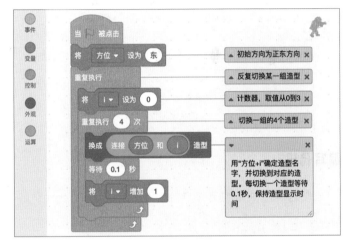

图6-15　让士兵切换造型的代码

3. 编写士兵转变方向的代码

为了让士兵角色能够改变前进的方向，使用4个方向键分别控制角色的4个方向。实现这一功能的代码如图6-16所示。

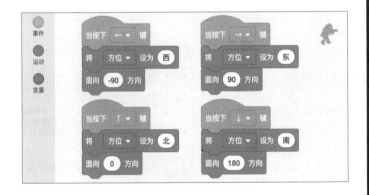

图6-16　让士兵转变方向的代码

在图6-16的代码中，当按下某个方向键时，就将相应的方向存放在"方位"变量中，以供切换士兵的造型时使用。同时，还使用了"面向…方向"积木对角色的方向进行修改。

至此，"士兵出击"项目创作完毕。

 "将旋转方式设为…"积木有3个可选的选项：左右翻转、不可旋转、任意旋转。请尝试将该积木的选项设定为不同选项，然后重新运行"士兵出击"项目，观察士兵角色产生的变化。

运行程序

单击 按钮运行项目，观看自己的创作成果吧！也可以分享给小伙伴欣赏哦！

知识扩展

变量和表达式

1. 变量的命名

顾名思义，变量就是其值可变的量。我们可以把数字、文本等各种数据存放到变量中，就像是把东西装到盒子里一样。为了方便知道盒子里装的是什么东西，可以在盒子外面写上所装东西的名字。在使用变量时也是这个道理，为变量取一个有意义的名字，让人看到变量名就能知道它存放的是什么数据。例如，要用变量存放游戏中玩家的得分，就可以将变量命名为"得分"。如果随意为变量取名字，使用"数1""a2""abc"这样的变量名，那么，写出来的程序将让人难以阅读和理解。同样的道理，为角色、造型、背景、声音等资源起有意义的名字，能让我们创作的项目更易于维护。

2. 变量的操作方法

创建一个变量之后，可以对变量进行赋值、读取、自增、自减等操作，如图6-17所示。

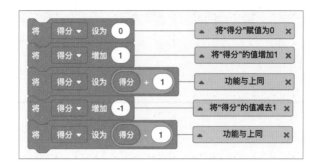

图6-17　变量的操作方法

3. 算术表达式

变量可以用来表示数据，参与表达式的计算，以及存放计算结果。Scratch支持加、减、乘、除等基本的算术运算，还支持求余数、绝对值、四舍五入、向下取整、向上取整等常用的数学函数。利用这些功能就能建立起抽象的数学模型，解决各种常见的数学问题。

例如，梯形的面积公式是：（上底+下底）×高÷2，据此编写一个求梯形面积的Scratch程序，如图6-18所示。

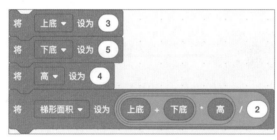

图6-18　求梯形面积的代码

 注意： 在Scratch中，乘法运算符号用星号(*)表示，除法运算符号用斜杠(/)表示。

4. 变量的作用范围

在Scratch中，变量的作用范围分为全局和局部两种。在新建变量时，默认选择的是"适用于所有角色"单选按钮，这样创建的变量是全局变量，在项目中的所有角色和舞台的代码中都能够使用，如图6-3所示。如果选择的是"仅适用于当前角色"单选按钮，创建的变量就是局部变量，只能在当前角色的代码中使用。

5. 舞台上的变量

创建一个变量时，同时会创建一个变量显示器并显示在舞台上。在界面左侧的积木列表中，每个变量积木前面会有一个复选框，处于勾选状态时，同名的变量显示器就会出现在舞台上，反之则被隐藏。

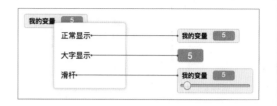

图6-19　变量显示器的3种外观模式

Scratch中的变量显示器实质是与变量关联的一个可视化部件，相当于其他可视化编程语言中的标签文本框部件或滑杆部件。变量显示器有3种不同的外观模式，分别为"正常显示""大字显示"和"滑杆"。在舞台上的变量显示器上单击鼠标右键，会弹出一个快捷菜单，列出变量显示器支持的3种外观模式，如图6-19所示。

值得一提的是，当变量显示器切换为"滑杆"模式之后，可以作为一个输入部件来使用。这时拖动变量显示器上的滑块，可以改变变量的数值。默认情况下，滑块的输入范围是从0到100。当变量显示器处于"滑杆"模式时，在变量显示器上单击鼠标右键，在弹出的快捷菜单中将增加"改变滑块范围"命令，可以用来设定滑块的最小值和最大值。

6. 修改变量名和删除变量

在界面左侧的积木列表中，在变量积木名字（如"我的变量"）上单击鼠标右键，在弹出的菜单中将显示两个命令："修改变量名""删除变量「我的变量」"，如图6-20所示。

图6-20　变量积木的右键菜单

> **！注意：** 在删除一个变量积木时，Scratch不会给用户确认是否删除的机会，而是直接将变量积木从所有代码中删除掉。因此，在删除变量积木时一定要慎重！如果误删除了，可以使用Ctrl+Z组合键进行恢复。

第7章

敌人在哪里

想在舞台这个虚拟的二维世界中对角色进行精准定位吗？那就需要了解平面直角坐标系。在你创作的游戏作品中，可以向指定坐标扔炸弹、在某个坐标放置人形靶、在特定位置埋藏宝石、控制登月器在某个区域着陆等。

本章以"敌人在哪里"项目为核心，讲解在Scratch中通过坐标控制角色位置的方法。本项目涉及坐标控制、绘制造型、使用列表、播放声音等方面的编程知识。

项目描述

在图7-1的舞台上展示了一幅蓝军占领区的卫星地图。现在，你是红军的一名侦察兵，快来标注出蓝军的重要目标，然后请求轰炸机进行远程打击吧！

单击 🏳 按钮运行项目，然后在地图上标示出一些需要轰炸的目标（例如选择4座大型桥梁作为目标）。在地图上某个位置单击，就可以在该位置创建一个图钉以进行位置标注。完成目标标注后，就可以按下空格键，呼叫出一架远程轰炸机，对标注的所有目标进行轰炸。

单击舞台控制栏上的全屏按钮 ，全屏显示舞台，这样可以在大地图中更好地查找目标。

图7-1 "敌人在哪里"项目效果图

项目路径： 资源包/第7章 敌人在哪里/敌人在哪里.sb3

运行这个项目玩一玩，看看包含哪些元素，思考这个项目是如何制作的。

操控方法： 单击 ⚑ 按钮运行程序，单击舞台上的某个位置以标出敌人的坐标，按空格键 `空 格` 以请求轰炸机的支援。

⬡ 技术探索

制作"敌人在哪里"项目需要用到图7-2中的这些积木。请在Scratch软件界面左侧的积木列表中找一找，看看这些积木分别躲藏在哪里？

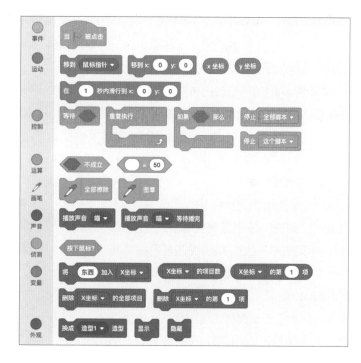

图7-2 "敌人在哪里"项目的积木列表

在制作"敌人在哪里"项目之前，让我们先对其中使用到的一些编程技术进行探索。

探索 1：自己绘制造型

Scratch的角色库中有丰富多样的造型，为我们创作作品带来极大的便利。如果我们无法从Scratch角色库中找到需要的造型，也可以利用Scratch提供的绘图编辑器自己绘制造型。在创作"敌人在哪里"项目时，需要自己绘制用于标注坐标的定位器造型和图钉造型，如图7-3所示。

图7-3　定位器造型和图钉造型

新建角色

将鼠标指针移到界面右下方的 🐻 按钮上短暂停留，然后在弹出的添加角色工具栏中单击 🖌 按钮，就可以将一个空角色添加到角色列表中。

创建新角色后，界面左侧会自动切换到造型编辑区。界面左侧的造型列表中自动添加了一个大小为0x0的空造型，在它的右边是绘图编辑器，可以用它来绘制自己需要的造型，如图7-4所示。

Scratch的绘图编辑器有两种工作模式，分别是矢量图模式和位图模式，默认使用的工作模式是矢量图模式。通过单击绘图编辑器左下角的 🖼 转换为位图 和 🖼 转换为矢量图 按钮可以在两种模式之间切换。在本项目中，我们使用矢量图模式来绘制造型。

绘制定位器造型

（1）单击绘图工具栏中的"圆"按钮，然后将"填充"设为透明，"轮廓"设为黑色，线条宽度设为3，接着在画布区域中画出一个黑色空心圆，如图7-5(a)所示。

（2）单击"选择"按钮，然后单击画布中的黑色圆形使其进入缩放状态，接着将圆的大小调整为30×30。左侧造型列表中的造型缩略图下方会显示造型大小信息，我们可以据此来进行调整。

图7-4　绘图编辑器

（3）单击"线段"按钮，保持"轮廓"选项为黑色、线条宽度为3，然后在前面所画的空心圆内过圆心画出两条相互垂直的线段（即画一个黑色十字），如图7-5(b)所示。

（4）单击"橡皮擦"按钮，将橡皮擦的大小设为40，在画布中将黑色十字的中心区域擦除，如图7-5(c)所示。

（5）单击"圆"按钮，保持"填充"选项为透明，"轮廓"选项设为黑色，线条宽度设为3，然后在前面所画的黑色圆形外围再画一个稍大一些的黑色空心圆（例如，大小为36×36），如图7-5(d)所示。到这里，定位器造型就绘制完成了。

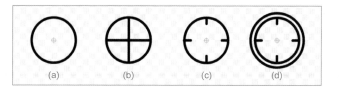

图7-5　定位器造型的绘制过程

设定造型中心

单击绘图工具栏中的"选择"按钮，选中画布中的所有图形，选择区域中心会出现一个小十字图形，如图7-6(a)所示。接着，拖动选中的图形使小十字与画布中心点重叠在一起，就能够把所选图形的中心位置设为造型中心，如图7-6(b)所示。

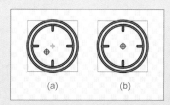

图7-6　设置造型中心

在绘制图形的时候，可以围绕画布的中心位置进行绘图，通过观察造型列表中的缩略图信息查看绘制的图形的大小。

绘制图钉造型

（1）将鼠标指针移到界面左下方的按键上方短暂停留，然后在弹出的添加造型工具栏中单

击 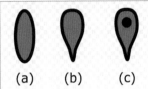 绘制造型按钮，可以创建一个空造型。

（2）单击绘图工具栏中的"圆"按钮，将"填充"选项设为红色，"轮廓"选项设为黑色，线条宽度设为3，在画布区域中画出一个椭圆，如图7-7(a)所示。

（3）单击"变形"按钮，在画布区域中单击椭圆图形使其进入可调整状态，将其调整为上面大下面尖的图钉形状，如图7-7(b)所示。

（4）单击"画笔"按钮，将画笔大小设为10，接着在图钉形状的上部画出一个黑色小圆点，如图7-7(c)所示。

（5）单击"选择"按钮，然后选中画布中的所有图形，拖动图钉形状使它的小尖头放到画布中心位置 ✛，即将图钉的小尖头作为图钉造型的中心。到这里，图钉造型就绘制完成了。

图7-7　图钉造型的绘制过程

提示： 为了使创作的项目更加规范，将Scratch自动起的"造型1""造型2""角色1""角色2"等类似的名字进行修改，使用有意义的名字为它们命名，做到见名知义。将定位器图形所属造型的名字修改为"定位器"，将图钉图形所属造型的名字修改为"图钉"，将这两个造型所属角色的名字修改为"标注"。

探索2：角色精确移动

舞台是一个虚拟的二维平面世界，通过方向和距离这两个参数就能控制角色的运动。除此之外，还可以采用平面直角坐标系的方式控制角色移动。Scratch舞台的尺寸为480×360，即宽度为480个单位、高度为360个单位。舞台支持使用平面直角系进行定位，水平方向为x轴，取向右为正方向，舞台宽度的范围是从-240到240；垂直方向为y轴，取向上为正方向，舞台高度的范围是从-180到180；坐标系的原点位于舞台的中心位置，可表示为(x:0,y:0)，如图7-8所示。

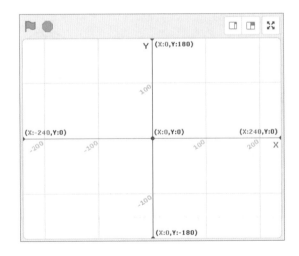

图7-8　舞台支持的平面直角坐标系

对于舞台上的任意一点，都有唯一的一个有序数对(x,y)与它对应；反之，对于任意一个有序数对(x,y)，都可以对应到舞台上的一个点，或者是舞台之外的一个点。在Scratch中，通过"移到x:…y:…"积木可以将角色移动到舞台上的任意一点，而舞台上的角色的坐标(x,y)可以使用"x坐标"和"y坐标"积木获取。

图7-9的程序运行后，先使用"移到x:…y:…"积木将小瓢虫移到舞台的中心位置(x:0,y:0)，等待1秒，再使用"移到x:…y:…"积木让小瓢虫移到舞台的(x:100,y:100)位置。在移动过程中，小瓢虫的方向没有发生改变，即这种移动方式与方向无关，只要知道目标点的坐标(x,y)，就可以将角色直接移动到该点。

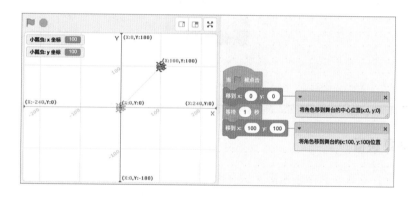

图7-9　控制小瓢虫移动到坐标(100,100)位置

在角色列表中选中小瓢虫角色，就可以通过角色信息面板观察到角色的x坐标和y坐标，如图7-10所示。当角色在舞台上移动时，这里的坐标也会跟着变化。如果在这里修改了角色的坐标，舞台上的角色位置也会随之变化。

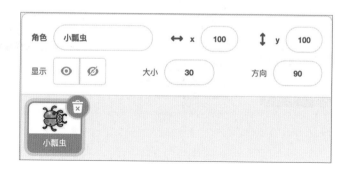

图7-10　在角色属性面板中查看角色的坐标

探索3：用图章绘画

在Scratch中，角色具有图章功能，可以将角色的当前外观复印到舞台上。通过画笔模块中的"图章"积木和运动模块的"移动"积木，可以在舞台上各个位置"印"出角色的图像。这样的图像被画在舞台的"画布"上，虽然它具有和角色一样的外观，但是不能移动。

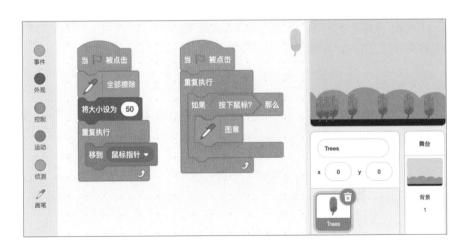

图7-12　用图章绘画

图7-12中的程序可以让角色跟随鼠标指针移动，并用图章在舞台上绘画。单击 按钮，使用"重复执行"积木和"移到（鼠标指针）"积木能控制角色跟随鼠标指针在舞台上四处移动。当另一个 ▷ 被单击，按下鼠标左键，"图章"积木就会在角色的当前位置画出角色的图像。使用这个程序，可以在舞台上绘制一排树。

在制作上面这个演示项目时，添加Scratch背景库中的Blue Sky图像作为舞台的背景，添加Scratch角色库中的Trees角色到角色列表区中。然后，在Trees角色的代码区编写图7-12中的代码，以实现用图章绘画的功能。

> **！ 提示：**"按下鼠标？"积木位于"侦测"模块的积木列表中，这个积木能够侦测到鼠标按键（不区分左、右键）被按下，与"如果…那么"积木配合，就能够实现在鼠标按键被按下之后执行某项操作。

探索4：播放声音

在Scratch中，每一个角色都拥有一个声音列表。单击界面左上方的"声音"选项卡以切换到角色的声音编辑区，然后通过从声音库中选择声音（见图7-13）、从本地磁盘中上传声音、用麦克风录制声音（见图7-14）等方式向声音列表中添加声音资源。

图7-13　从Scratch声音库中选择声音

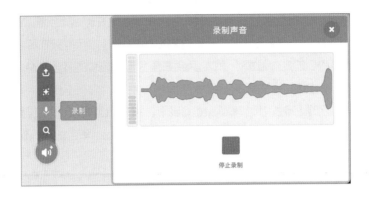

图7-14　用麦克风录制声音

　　"播放声音"积木中有一个小三角形，单击就会显示当前角色的声音列表，从中选择需要播放的声音，如图7-15所示。

　　"播放声音"积木和"播放声音…并等待"积木都可以播放声音，区别在于前者是异步播放，而后者是同步播放。图7-16是用于测试异步播放和同步播放的程序。创建一个新项目，然后从声音库选择小马的叫声Horse加入到小猫角色的声音列表中。接着，对两种播放声音的积木进行异步播放和同步播放的测试。

图7-15　从"播放声音"积木中选择声音

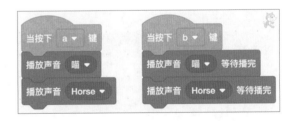

图7-16　异步播放和同步播放的测试程序

　　当按下a键时，几乎是同时听到小猫和小马的叫声，不需要等待小猫的叫声播完，就会播放小马的叫声；当按下b键时，等到小猫的叫声播完后，才会播放小马的叫声。

　　由此可见，"播放声音"积木是异步播放声音，不需要等待声音播完，就可以执行它后面的积木；"播放声音…等待播完"积木是同步方式播放声音，需要等待声音播完，才会执行它后面的积木。

　　请注意，不要被"异步"和"同步"两个词误导。可以这样理解：异步方式可以同时做多件事，而同步方式则是一件事做完再做下一件事。

项目制作

经过前面的技术探索，现在开始制作"敌人在哪里"项目。

 项目素材路径： 资源包/第7章 敌人在哪里/素材

新建项目

从桌面启动Scratch软件，默认创建一个新的项目，将其以"敌人在哪里.sb3"的文件名保存到本地磁盘上。

添加背景

将鼠标指针移到界面右下角的 ⬚ 按钮上短暂停留，然后在弹出的添加背景工具栏中单击 ⬆ 按钮，从本地磁盘上选择"卫星地图.png"图片文件上传到Scratch项目中作为舞台的背景。图片文件上传后，即可在舞台区中作为背景显示出来，也可以到舞台的背景列表中查看。

添加角色

1. 新建"标注"角色

将鼠标指针移到界面右下方的 ⬚ 按钮上短暂停留，然后在弹出的添加角色工具栏中单击 ✏ 按钮，将一个空角色添加到角色列表中。然后，在角色信息面板中将角色的名称修改为"标注"。

> ❗ **提示：** 将角色列表区中的"角色1"删除，这个角色是Scratch默认创建的，在本项目中没有用。

2. 绘制"定位器"和"图钉"造型

在"敌人在哪里"项目中，"标注"角色有"定位器"和"图钉"两个造型。请按照本章"探索1：自己绘制造型"中的介绍，利用绘图编辑器绘制出如图7-3所示的定位器造型和图钉造型。

3. 添加"轰炸机"角色

将鼠标指针移到界面右下方的 按钮上短暂停留，然后在弹出的添加角色工具栏中单击 按钮，接着从本地磁盘上选择"轰炸机.png"图片文件上传到Scratch项目中。图片文件上传后，可以在角色列表中看到一个名为"轰炸机"的角色。

另外，将本章素材文件夹中的"Alert.wav"和"炸弹爆炸声.mp3"声音文件添加到轰炸机角色的声音列表中。

4. 添加"爆炸"造型

切换到轰炸机角色的造型编辑区，然后向造型列表中添加一个"爆炸"造型。将鼠标指针移到界面左下方的 按钮上短暂停留，然后在弹出的添加造型工具栏中单击 按钮，从本地磁盘上选择"爆炸.png"图片文件上传到Scratch软件中作为造型使用。上传后，在轰炸机角色的造型列表中可以看到增加了一个名为"爆炸"的造型，如图7-17所示。

图7-17　轰炸机角色的两个造型

编写代码

准备好舞台的背景和角色的造型之后，就可以为角色编写代码了。

1. 编写"标注"角色的代码

请参照本章"知识扩展"中"列表的使用"一节介绍的创建列表的方法，分别创建名为"X坐标"和"Y坐标"的两个列表，然后再开始编写代码。

当单击 ▶ 按钮运行项目后,先将舞台画布上的内容全部擦除,然后让标注角色切换为 "定位器" 造型,并让它一直跟随鼠标指针移动。实现这一功能的代码如图7-18所示。

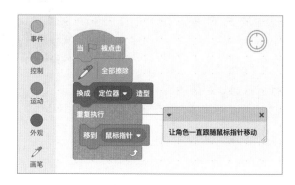

图7-18 标注角色的代码(1)

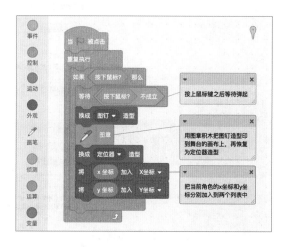

图7-19 标注角色的代码(2)

在项目运行时,当按下鼠标键并在按键弹起之后,先切换为 "图钉" 造型,然后用 "图章" 积木在舞台画布上印出一个图钉的图像,接着切换回 "定位器" 造型,如图7-19所示。由于程序运行速度非常快，因而看不到这两个造型的切换过程。

用"图章"积木画出图钉图像之后，将标注角色的X坐标和Y坐标分别加入到"X坐标"列表和"Y坐标"列表中，这样轰炸机角色就可以根据这两个列表中的坐标"扔"炸弹。

2. 编写"轰炸机"角色的代码

当单击 按钮运行项目后，先对轰炸机角色进行初始化，即隐藏轰炸机角色，并删除"X坐标"列表和"Y坐标"列表中的全部数据。实现这个功能的代码如图7-20所示。

在玩家标注好目标之后，按下空格键，呼叫轰炸机对标注的各个目标进行轰炸，即使用图章积木在目标位置画出爆炸效果的图像。实现这个功能的代码如图7-21所示。

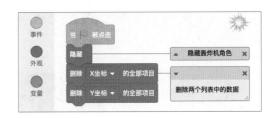

图7-20　轰炸机角色的代码(1)

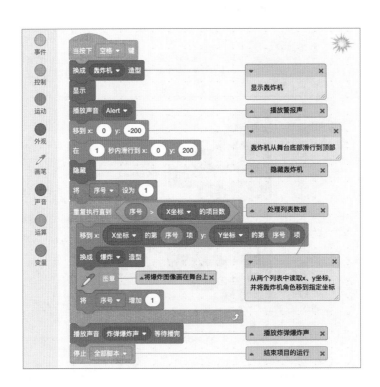

图7-21　轰炸机角色的代码(2)

运行程序

单击  按钮运行项目，观看自己的创作成果吧！也可以分享给小伙伴一起玩哦！

知识扩展

列表的使用

1. 创建列表

单击界面左侧的"变量"模块①，以显示变量模块的积木列表。在积木列表中找到并单击"建立一个列表"按钮②，打开"新建列表"对话框。接着，在"新的列表名"文本框③中输入一个列表的名字（例如"X坐标"），再单击"确定"按钮④。这样就能创建一个名为"X坐标"的列表，并且在界面左侧的积木列表中会出现名字为"X坐标"的列表积木⑤，如图7-22所示。另外，这个新建的"X坐标"列表也会出现在舞台中。如果不想在舞台上显示"X坐标"列表，在积木列表中取消"X坐标"列表积木前面的复选框即可将其隐藏。

图7-22　创建新列表的步骤

2. 列表的作用范围

在Scratch中，列表的作用范围分为全局和局部两种。在新建列表时，默认选择的是"适用于所有角色"单选按钮，这样创建的列表是全局列表，在项目中的所有角色和舞台的代码中都能够使用。如果选择的是"仅适用于当前角色"单选按钮，则创建的列表是局部列表，只能在当前角色的代码中使用，如图7-22所示。

3. 舞台上的列表显示器

当创建一个列表时，同时会创建一个列表显示器并显示在舞台上。在界面左侧的积木列表中，每个列表积木前面会有一个复选框，处于勾选状态时，同名的列表显示器就会出现在舞台上，反之则被隐藏，如图7-22所示。

列表是一种批量存放数据的容器。例如，我们可以把一个班全部学生的成绩都存放在列表中。Scratch中的列表显示器实质是与列表关联的一个可视化部件，可以在舞台上对列表进行管理。例如，向列表中添加数据，查看列表中的数据，修改列表中的数据，以及删除列表中的数据。

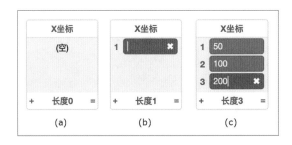

图7-23　通过列表显示器管理列表数据

当创建一个新的列表时，列表是空的，舞台上如图7-23(a)所示；单击列表显示器左下方的+号按钮，可以向列表中添加一项空数据，如图7-23(b)所示；在添加空数据之后，可以在其中输入有用的数据，如图7-23(c)所示；如果要删除列表中的某个数据，可以单击该数据项后面的×按钮；拖动列表显示器右下方的=按钮，可以调整列表显示器的大小。

4. 用代码操作列表

列表显示器的每一项数据都有一个编号，编号从1开始连续分配，通过这个编号可以读取、修改或删除对应的数据项，如图7-23所示。

图7-24　常用的列表积木

图7-24是在本章"敌人在哪里"项目中使用的一些列表积木及其功能描述，对列表的高级用法将在第14章的"知识扩展"中进行介绍。

5. 修改列表名和删除列表

在界面左侧的积木列表中，在列表积木名字（如"X坐标"）上单击鼠标右键，在弹出的菜单中会显示两个命令："修改列表名"和"删除「X坐标」列表"，如图7-25所示。

图7-25 "X坐标"列表积木的右键菜单

> **注意：** 在删除一个列表积木时，Scratch不会给用户确认是否删除的机会，而是直接将列表积木从所有代码中删除掉。因此，在删除列表积木时一定要慎重！如果误删除了，可以使用快捷键Ctrl+Z进行恢复。

第8章 射击训练

当创建的角色在舞台中运动时，自然会发生彼此之间碰撞的现象。对它们进行碰撞检测，是实现游戏功能的重要手段。在你创作的作品中，通过使用碰撞检测技术，可以判断导弹是否击中战机、检测登月器是否安全着陆、感知汽车是否碰到障碍、侦测潜水艇是否能继续前进等。

本章以"射击训练"项目为核心，讲解在Scratch中进行碰撞检测的方法。本项目涉及随机数的应用、角色之间的碰撞检测、角色跟随鼠标指针等方面的编程知识。

项目描述

图8-1的舞台上展示的是一个坐落在树林里的轻武器射击训练场。现在，你是一名正在接受训练的士兵，赶快举枪瞄准目标射击吧！

单击 ▶ 按钮运行项目，然后移动鼠标指针以控制十字准星寻找目标。当准星碰到随机出现的人形靶时，立刻按下鼠标左键，子弹将会射出击中靶位。

图8-1 "射击训练"项目效果图

项目路径： 资源包/第8章 射击训练/射击训练.sb3

运行这个项目玩一玩，看看项目包含哪些元素，思考这个项目是如何制作的。

操控方法： 单击 ⚑ 按钮运行程序，单击舞台上随机出现的人形靶以进行射击。

 技术探索

制作"射击训练"项目，需要用到图8-2中的这些积木。请在Scratch软件界面左侧的积木列表中找一找，看看这些积木分别躲藏在哪里？

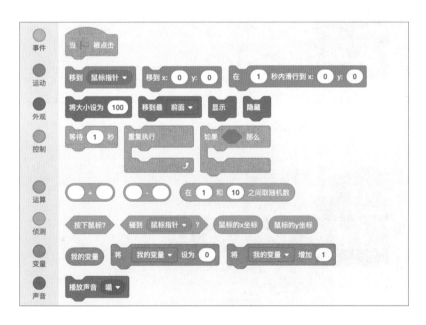

图8-2 "射击训练"项目的积木列表

在制作"射击训练"项目之前，让我们先对其中使用到的一些编程技术进行探索。

探索1：举枪瞄准效果

在"射击训练"游戏项目中，玩家使用鼠标进行操作。当鼠标移动时，一个十字准星出现在鼠标指针左上方并跟随其移动，而一支狙击枪则随时面向十字准星。鼠标指针、十字准星和狙击枪三者联动，组成玩家的射击系统。

图8-3的程序能够实现让准星角色跟随鼠标指针移动的功能，它是通过在"重复执行"积木中使用"移动(鼠标指针)"积木来实现的。这种做法的缺点是，鼠标指针会遮挡准星角色的一部分，同时使得玩家注意力集中在鼠标指针，而不是准星上。

图8-4的程序也能够实现让准星角色跟随鼠标指针移动的功能，它没有使用"移动(鼠标指针)"积木，而是使用"移到x,y"积木将准星角色移到鼠标指针的左上方位置，即准星角色的x坐标＝鼠标的x坐标－20，准星角色的y坐标＝鼠标的y坐标＋20。这样使得准星与鼠标指针保持一定距离，让玩家注意力能够放在准星上，瞄准目标时不受干扰。

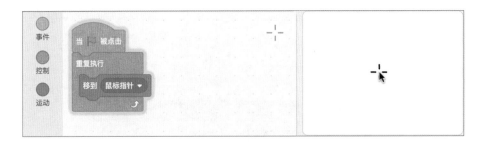

图8-3　准星角色跟随鼠标指针移动

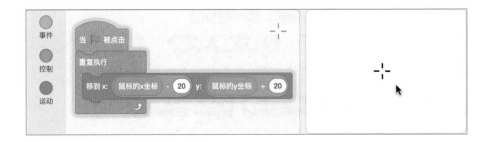

图8-4　准星跟随在鼠标指针的左上方

为了增强玩家的临场体验，通常会在舞台下方显示一支狙击枪，枪口随时面向准星（鼠标指针）。图8-5的程序中使用一个长条状的矩形代表一支枪，让它随时面向准星角色，达到枪支跟随准星转动的效果。

图8-5　枪支跟随准星转动

在Scratch中，角色初始是面向正东方向（右方90°）的。因此，我们需要在绘图编辑器中将枪支的造型调整为面向右方，如图8-6所示。这样就能实现在枪支转动时让枪口一直对着准星。

图8-6　调整造型面向正东方向

探索2：随机数的使用

在"射击训练"游戏项目中，我们需要让人形靶随机地出现在不同位置，以供玩家进行射击训练。要实现这个功能，就需要用到"运算" 模块中的"在…和…之间取随机数"积木，通过该积木可以生成指定范围内的随机整数（或小数）。图8-7的程序使用随机数积木，生成-200到200之间的随机数作为人形靶角色的x坐标，然后通过"移到x:…,y:…"积木控制其在y坐标为0的水平位置上随机地出现。

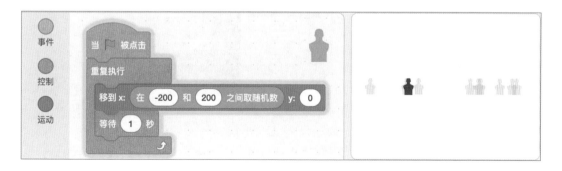

图8-7　让人形靶随机出现在舞台上

在游戏作品中，使用随机数来设定角色运动的各个参数，能够模拟出富于变化的自然运动效果，创造出妙趣横生的游戏。图8-8的程序使用随机数让小鱼转弯时忽左忽右、向前移动时忽快忽慢，从而在虚拟的海底世界中创造出一条活泼可爱的小鱼。

图8-8　随机游动的小鱼

探索3：角色碰撞检测

在"射击训练"游戏项目中，在玩家射击之后，需要判断子弹是否击中靶位，以累计玩家的得分。使用"侦测"模块中的"碰到…"积木，可以检测到角色之间是否发生碰撞。

单击🚩按钮运行程序，一个蓝色的小球被放在舞台的底部；当按下空格键时，小球向上连续移动；当小球碰到人形靶时，提示"命中！"，然后结束当前脚本的运行。在这个程序中，通过"如果…那么"积木和"碰到（人形靶）"积木的配合使用，实现检测小球是否命中人形靶的功能，如图8-9所示。

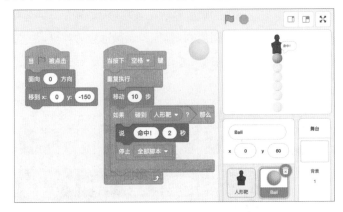

图8-9　检测小球是否命中靶位

要了解更多的碰撞检测技术，请阅读本章"知识扩展"中的内容。

项目制作

经过前面的技术探索，现在开始制作"射击训练"项目吧。

 项目素材路径： 资源包/第8章 射击训练/素材

新建项目

启动Scratch软件，删除新项目中默认创建的小猫角色，然后将新项目以"射击训练.sb3"的文件名保存到本地磁盘上。

添加背景

从本地磁盘上的素材文件夹中选择"射击场.png"图片文件上传到Scratch项目中作为舞台的背景。

添加角色

从本地磁盘上的素材文件夹中选择"狙击枪.svg"和"人形靶.svg"矢量图片文件上传到Scratch项目中作为角色。

绘制角色

（1）新建一个空角色，修改名字为"准星"，然后利用绘图编辑器绘制一个白色的十字准星作为造型，大小为26×26。

（2）新建一个空角色，修改名字为"子弹"，然后利用绘图编辑器绘制一个黄颜色的小球作为造型，大小为4×4。

> **提示：** 如果不想绘制造型，可以从本地磁盘上的素材文件夹中选择"准星.svg"和"子弹.svg"矢量图片文件上传到Scratch项目中作为角色。

编写代码

图8-10是"射击训练"项目中的角色列表区，可以看到该项目使用了狙击枪、人形靶、准星和子弹4个角色，以及一个射击场背景图片。

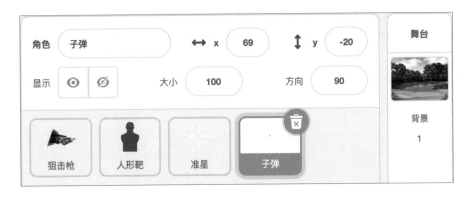

图8-10 "射击训练"项目的角色列表区

准备好舞台背景和角色造型之后，就可以为角色编写代码了。

1. 编写"狙击枪"角色的代码

当单击 ▶ 按钮运行项目后，让狙击枪移动到舞台的右下角位置，然后让它面向"准星"角色转动。为了狙击枪不被其他角色遮挡，将其移到最前面。实现这一功能的代码如图8-11所示。

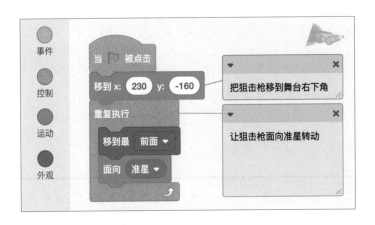

图8-11 狙击枪角色的代码

2. 编写"准星"角色的代码

当单击 按钮运行项目后，让准星偏移到鼠标指针左上方，并跟随鼠标指针移动。为了让准星随时可见，将其移到最前面。实现这一功能的代码如图8-12所示。

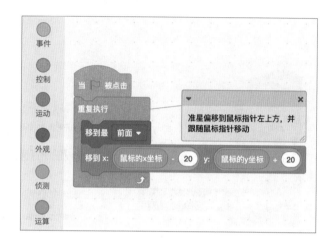

图8-12 准星角色的代码

3. 编写"子弹"角色的代码

当单击 按钮运行项目后，如果按下鼠标左键，就将子弹角色移到狙击枪所在位置，然后在0.1秒内滑行到准星角色所在位置。实现这一功能的代码如图8-13所示。

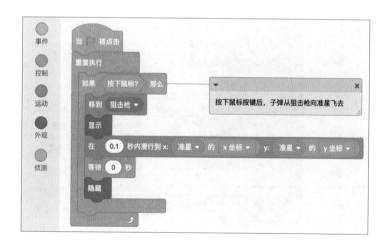

图8-13 子弹角色的代码

4. 编写"人形靶"角色的代码

当单击 ▌▌按钮运行项目后，人形靶角色以原来大小的20%显示，然后随机出现在树林中，并在每个位置停留1到10秒。在舞台的射击场背景中，将人形靶出现的位置设在树林中，让人形靶随机出现在y坐标为-15、x坐标在-200到200之间随机变化的位置上。实现这一功能的代码如图8-14所示。

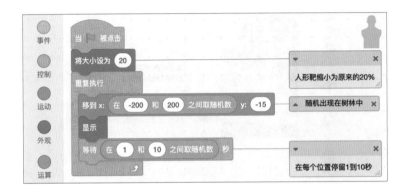

图8-14　人形靶角色的代码(1)

当玩家发射子弹命中人形靶后，让玩家的得分增加1分，然后在播放Zoop声之后隐藏人形靶角色。实现这一功能的代码如图8-15所示。

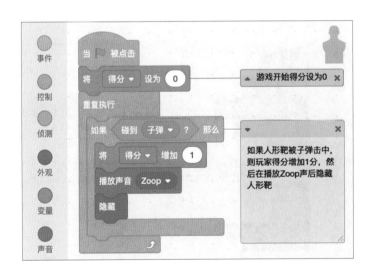

图8-15　人形靶角色的代码(2)

运行程序

单击  按钮运行项目，观看自己的创作成果吧！也可以分享给小伙伴一起玩哦！

知识扩展

碰撞检测的多种方式

对角色进行碰撞检测是游戏编程的核心技术之一。Scratch提供4个侦测积木，能够实现碰到角色、碰到颜色、颜色碰到颜色和到角色的距离4种类型的碰撞检测，如图8-16所示。

图8-16　Scratch的碰撞检测积木

1. 角色碰撞检测

使用"碰到…?"积木，可以检测两个角色之间是否发生碰撞，还可以检测角色是否碰到鼠标指针或舞台边缘。

图8-17是一个简单的小猫走迷宫程序。舞台背景是白色的，迷宫中不可通过的部分是黑色的，可通过的部分是透明的。一只小猫被困在迷宫深处，玩家通过键盘方向键控制小猫移动。如果小猫碰到迷宫（黑色部分），则被重新放到出发位置；如果小猫碰到舞台边缘，则成功走出迷宫。

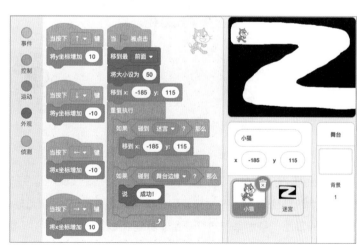

图8-17　小猫走迷宫

> **注意：** 在绘制迷宫造型时，先将绘图编辑器切换到位图模式，然后使用填充工具将整个画布填充为黑色，最后选择橡皮擦工具画出透明的迷宫道路。

2. 颜色碰撞检测

使用"碰到颜色…?"积木，可以检测一个角色是否碰到某种颜色，该颜色可以出现在其他角色上或舞台背景图上。

图8-18的程序用于演示颜色碰撞检测。在舞台的背景图中，褐色区域表示地面。单击▙按钮运行程序，苹果从舞台上方掉下来。如果苹果碰到背景图中的褐色区域，就会停靠在地面上。

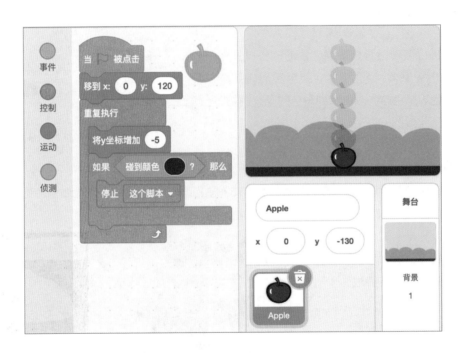

图8-18　让苹果掉落在地面

在使用"碰到颜色…?"积木时，需要设定要侦测的颜色。设定颜色的方法见图8-19，先单击该积木中的颜色块①，然后在弹出的颜色面板中点击吸管图标②，接着在舞台上移动鼠标指针并寻找需要的颜色，最后单击某个颜色③即可完成。

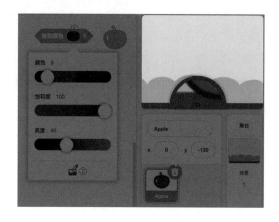

图8-19 在舞台上拾取颜色

使用"颜色…碰到…？"积木，可以检测一个角色上的某种颜色，与其他角色或舞台背景图上的某种颜色是否发生碰撞。也就是说，该积木用于检测颜色之间是否发生碰撞。

图8-20程序中的小瓢虫可以沿着黑线自动爬行。小瓢虫头部的两个触角上分别有一个红点和一个蓝点，当小瓢虫以每次5步的速度向前移动的时候，如果红点碰到舞台背景上的绿色，则让小瓢虫向右转5度；如果蓝点碰到舞台背景上的绿色，则让小瓢虫向左转5度。这样就实现了一个能够自动巡线的小瓢虫。

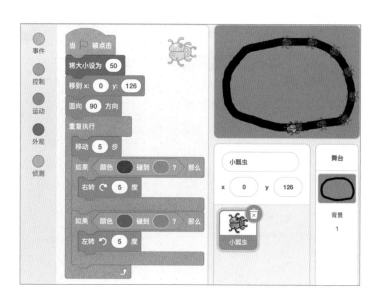

图8-20 自动巡线的小瓢虫

3. 距离侦测

使用"到…的距离"积木，可以侦测两个角色中心点（造型中心）之间的距离，还可以侦测当前角色到鼠标指针之间的距离。

图8-21的程序用于演示距离侦测。一辆小车从舞台的左侧向右行驶，当它距离舞台右侧的树木小于120个单位时，就会自动停下来，并弹出提示"停车！"。

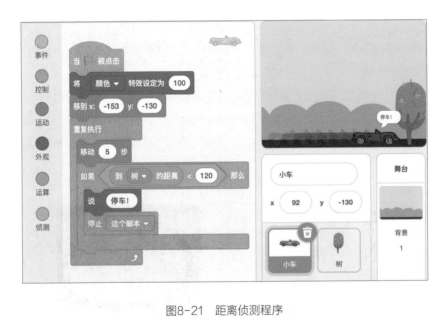

图8-21　距离侦测程序

Note

—— 读书笔记 ——

Note 1　　Date_____

○

○

○

○

○

○

Note 2　　Date_____

○

○

○

○

○

○

Note 3　　Date_____

○

○

○

○

○

○

第9章

拆弹训练

一个作品通常由多个角色构成，角色之间需要传递消息，以协作完成设定的功能。换句话说，在设计制作一个复杂的作品时，可以将复杂或规模较大的功能模块化整为零，分而治之，然后通过广播消息的方式将各个部分组合为一个有机的整体。

本章以"拆弹训练"项目为核心，讲解在Scratch中利用消息机制实现角色之间协作的方法。本项目涉及关系和逻辑运算、在角色间传递消息、倒计时的实现、在固定位置绘制造型等方面的知识。

项目描述

图9-1的舞台上展示的是一颗即将爆炸的定时炸弹。现在，你是一名在接受拆弹训练的士兵，请迅速作出判断，应该剪断哪条线？红线，黄线，还是蓝线？

单击 ▶ 按钮运行项目，然后移动鼠标指针以控制剪刀去剪断炸弹的连接线。通过炸弹的倒计时装置，可以感受到时间在快速流逝。在60秒的倒计时结束后，炸弹就会爆炸。在此之前，你要剪断红、黄、蓝三根连线中的一根。如果剪错了连接线，炸弹瞬间就会爆炸。

时间不多了，请你赶快做出决定吧！

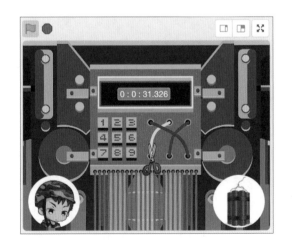

图9-1 "拆弹训练"项目效果图

项目路径： 资源包/第9章 拆弹训练/拆弹训练.sb3

运行这个项目玩一玩，看看包含哪些元素，思考这个项目是如何制作的。

操控方法： 单击 按钮运行程序，单击舞台上的红、黄、蓝三根线之一以拆除炸弹。

技术探索

制作"拆弹训练"项目，需要用到图9-2中的这些积木。请在Scratch界面左侧的积木列表中找一找，看看这些积木分别躲藏在哪里？

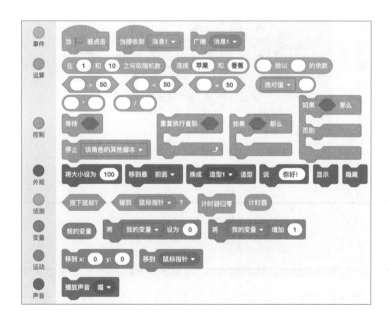

图9-2 "拆弹训练"项目的积木列表

在制作"拆弹训练"项目之前，让我们先对其中使用到的一些编程技术进行探索。

探索 1：实现倒计时功能

制作"拆弹训练"项目，需要制作一个定时器。定时器是定时炸弹的触发装置，当设定的时间倒计时至0，即触发炸弹爆炸。下面介绍两种方法实现倒计时功能。

方法一：利用"侦测"模块中的计时器积木，可以实现精确的倒计时功能。计时器积木有两个，一个是"计时器归零"积木，用于将计时器的时间归零；另一个是"计时器"积木，用于读取计时器的当前时间。在变量"设定时间"中存放倒计时的总时间（例如5秒），将变量"剩余时间"的值初始化为"设定时间"。然后，通过一个循环结构进行倒计时，使用"设定时间"减去"计时器"即可取得倒计时的剩余时间，将其存放在变量"剩余时间"中。当"剩余时间"等于0时，则倒计时结束，提示"时间到！"，如图9-3所示。

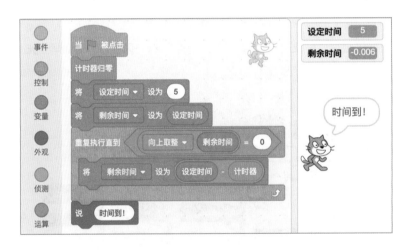

图9-3　利用计时器积木实现倒计时

> **提示：** 通过"计时器"积木取得的是一个小数，因此，"剩余时间"也是一个小数，需要对它进行取整后再判断是否等于0。

方法二：利用"控制"模块中的"等待…秒"积木，可以实现相对精确的倒计时功能。在变量"设定时间"中存放倒计时的总时间（例如5秒），将变量"剩余时间"的值初始化为"设定时间"。然后，通过一个循环结构进行倒计时，每等待1秒，将"剩余时间"的值减1。当"剩余时间"等于0时，则倒计时结束，提示"时间到！"，如图9-4所示。

图9-4　利用"等待…秒"积木实现倒计时

探索2：时间格式化

图9-1所示的定时炸弹上有一块时间面板，以"时:分:秒.毫秒"的格式显示倒计时的时间。例如，显示时间0:0:59.869。在定时炸弹启动后，可以看到表示时间的数字在飞快地变化，使人感到时间飞逝，从而产生一种紧迫感。

变量"剩余时间"存放的是秒数（例如，3605秒），根据它计算出时、分、秒三个数值，然后以"时:分:秒"的格式组织成一个字符串，存放在变量"倒计时"中，如图9-5所示。

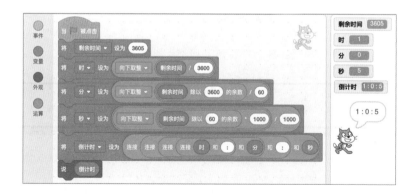

图9-5　时间格式化

当利用计时器积木实现倒计时功能时，计算出的剩余时间是一个小数，包含有毫秒数，就可以组织得到"时:分:秒.毫秒"格式的时间。

探索3：在角色间传递消息

在Scratch中，各个角色之间通过传递消息来实现协作。使用"事件"模块中的"广播…"积木和"当接收到…"积木，可以实现广播消息和接收消息的功能。所谓消息，就是一个字符串。例如，"游戏开始""启动定时器""炸弹爆炸"等。也可以将消息理解为命令，需要一个角色做某个事情，就向它发出一个命令。

图9-6的程序运行后，小熊位于舞台的左端，小猫位于舞台的右端。当单击小猫角色时，将使用"广播（小熊快过来）"积木向其他角色发送一条内容为"小熊快过来"的消息。在小熊角色的代码中，使用"当接收到（小熊快过来）"积木接收名为"小熊快过来"的消息。接收到该消息后，控制小熊角色向右移动并靠近小猫。从这个示例来看，广播消息和接收消息的工作过程是比较简单的。

图9-6　广播消息和接收消息的示例

> **!** **提示：** 小熊角色和背景图可以在Scratch的角色库和背景库中找到。

随着项目中角色的增多，各个角色之间的协作难度也不断增加。利用Scratch提供的消息机制可以方便地让各个角色协调工作，从而降低项目的实现难度。

例如，在这个"拆弹训练"项目中，可以设计为由舞台背景、炸弹角色、定时器角色、小冰角色、剪刀角色、红线角色、黄线角色和蓝线角色8个部分组成。各个角色之间通过分发消息进行协作，共同完成整个项目的功能。表9-1列出了各个角色需要负责接收的消息、广播的消息和执行的操作。根据此表的描述，逐个编写各个角色的功能代码，就能有条不紊地完成整个项目的编程工作。

表9-1 "拆弹训练"项目的角色功能规划

角色	功能规划
舞台背景	**当 🏳 被点击** → 设定倒计时时间 / 广播：游戏开始
炸弹角色	**当接收到：游戏开始** → 显示炸弹造型 / 广播：启动定时器 **当接收到：剪断连线** → 随机选择 → 广播：炸弹爆炸 / 广播：炸弹拆除 **当接收到：炸弹爆炸** → 播放爆炸声 / 切换为爆炸造型
定时器角色	**当接收到：启动定时器** → 进入倒计时过程 → 广播：显示剩余时间 / 广播：炸弹爆炸 **当接收到：显示剩余时间** → 格式化显示剩余时间 **当接收到：剪断连线** → 停止显示时间
小冰角色	**当接收到：游戏开始** → 切换为亮色造型 **当接收到：炸弹爆炸** → 切换为灰色造型 **当接收到：炸弹拆除** → 提示炸弹已拆除
剪刀角色	**当接收到：游戏开始** → 剪刀跟随鼠标指针移动
红线角色	**当接收到：游戏开始** → 等待被剪刀剪断 / 广播：剪断连线
黄线角色	**当接收到：游戏开始** → 等待被剪刀剪断 / 广播：剪断连线
蓝线角色	**当接收到：游戏开始** → 等待被剪刀剪断 / 广播：剪断连线

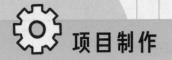

项目制作

经过前面的技术探索，现在开始制作"拆弹训练"项目吧。

 项目素材路径： 资源包/第9章 拆弹训练/素材

新建项目

启动Scratch软件，删除新项目中默认创建的小猫角色，然后将新项目以"拆弹训练.sb3"的文件名保存到本地磁盘上。

添加背景

从本地磁盘上的素材文件夹中选择"定时炸弹面板.png"图片文件，然后上传到Scratch项目中作为舞台的背景。

添加角色

（1）新建一个名为"炸弹"的角色，然后从本地磁盘上的素材文件夹中选择"炸弹.png"和"爆炸.png"图片文件，然后上传到Scratch项目中作为炸弹角色的造型。

（2）新建一个名为"小冰"的角色，然后从本地磁盘上的素材文件夹中选择"小冰-亮.png"和"小冰-灰.png"图片文件，然后上传到Scratch项目中作为小冰角色的造型。

（3）新建一个名为"剪刀"的角色，然后从本地磁盘上的素材文件夹中选择"剪刀.png"图片文件，然后上传到Scratch项目中作为剪刀角色的造型。

以上三个角色及其造型见表9-2。

表 9-2 "拆弹训练"项目部分角色及其造型

角色名称	造型列表
炸弹	**1** 炸弹 100 x 100　　**2** 爆炸 100 x 100
小冰	**1** 小冰-亮 100 x 100　　**2** 小冰-灰 100 x 100
剪刀	**1** 剪刀 75 x 126

绘制角色

图9-7(a)是定时炸弹的操作面板。面板上有6个小孔，我们要分别在小孔中穿插红、黄、蓝3根连接线。玩家在拆弹时，用鼠标控制一把剪刀去剪断其中一根连接线，这根连接线就会断开，如图9-7(b)所示。

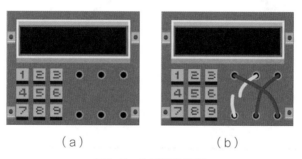

（a）　　　　　　　　　（b）

图9-7　炸弹操作面板

下面以绘制炸弹的红色连接线为例，介绍绘制炸弹连接线的步骤。

（1）新建一个名为"红线"的角色，然后切换到该角色的造型工作区。

（2）从本地磁盘上的素材文件夹中选择"定时炸弹面板.png"图片文件上传到Scratch项目中作为该角色的造型，造型名称为"定时炸弹面板"。

（3）在绘图编辑器中，单击界面下方的"转换为矢量图"按钮，将导入的定时炸弹面板图像转换为矢量图。然后，单击工具栏中的"线段"按钮，在定时炸弹面板上画出一条连接两个小孔的线段（"轮廓"设为红色、宽度设为11）。接着，单击"变形"按钮，将线段调整为弯曲的形状，如图9-8(a)所示。

（4）在造型列表区的"定时炸弹面板"造型的缩略图上单击鼠标右键，然后在弹出的快捷菜单中选择"复制"命令，复制该造型得到一个新造型，接着将新造型的名称修改为"连接"。之后，在绘图编辑器中选中"定时炸弹面板"的内容，并将其删除，只留下红色的连接线，如图9-8(b)所示。

（5）复制"连接"造型得到一个新造型，并修改其名称为"断开"，然后在绘图编辑器中使用"橡皮擦"工具将红色连接线从中间擦断为两截，接着使用"变形"工具调整两截线段的形状，如图9-8(c)所示。

接下来，根据以上介绍的方法，分别创建"黄线"和"蓝线"两个角色，并绘制它们的"连接"和"断开"两个造型。

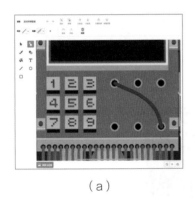
（a）

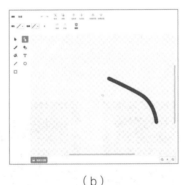
（b）

（c）

图9-8　绘制红线角色的造型

> **！ 提示：** 在绘制红、黄、蓝三根连接线的过程中，不要拖动它们的位置，以免引起造型中心的变化，使得连接线两端无法对齐连接的小孔。

编写代码

准备好舞台的背景和角色的造型之后，就可以为角色编写代码了。

1. 编写舞台的代码

切换到舞台的代码区，先创建3个变量，变量名分别为"游戏状态""设定时间"和"剩余时间"，然后编写图9-9的代码。

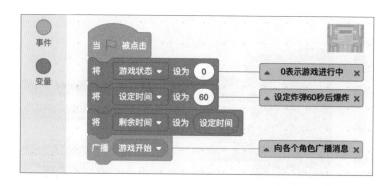

图9-9 舞台的代码

这个程序是整个项目的主程序。当单击▶按钮运行项目后，先对一些变量进行初始化，然后使用"广播…"积木向项目中的所有角色发送一个内容为"游戏开始"的消息。

2. 编写"炸弹"角色的代码

当炸弹角色接收到内容为"游戏开始"的消息后，先将角色移到舞台右下角，并切换为"炸弹"造型，然后向其他角色广播一个内容为"启动定时器"的消息，以通知定时器角色开始工作。响应"游戏开始"消息的代码如图9-10所示。

当炸弹角色接收到内容为"炸弹爆炸"的消息后，将变量"游戏状态"的值修改为1，即表示炸弹已爆炸，其他角色可以根据这个变量的值作出响应。然后，播放"爆炸声音效"，并将切换为"爆炸"造型。响应"炸弹爆炸"消息的代码如图9-11所示。

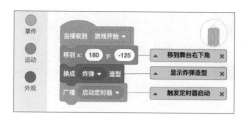
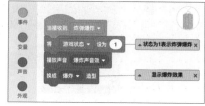

图9-10 响应"游戏开始"消息的代码　　图9-11 响应"炸弹爆炸"消息的代码

当炸弹角色接收到名为"剪断连线"的消息后，将在炸弹爆炸或炸弹拆除两项操作中随机选择。使用随机数积木生成1到10之间的随机数，如果取得的随机数为1到5，则选择炸弹爆炸，广播内容为"炸弹爆炸"的消息；如果是6到10，则选择拆除炸弹，广播内容为"炸弹拆除"的消息。响应"剪断连线"消息的代码如图9-12所示。

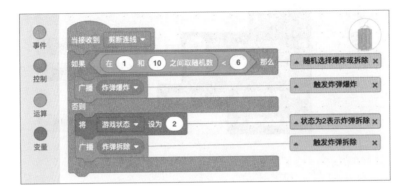

图9-12　响应"剪断连线"消息的代码

3. 编写"定时器"角色的代码

首先创建一个名为"定时器"的空角色，然后切换到该角色的代码区编写代码。

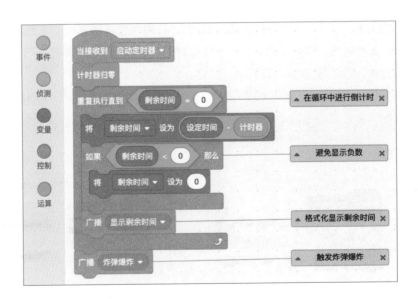

图9-13　响应"启动定时器"消息的代码

当定时器角色接收到名为"启动定时器"的消息后，先将计时器归零，然后开始按照设定的时间进行倒计时工作。在这个过程中，通过广播一个内容为"显示剩余时间"的消息，实现将剩余时间格式化显示。关于利用计时器积木实现倒计时功能，请阅读本章"探索1"的相关介绍。响应"启动定时器"消息的代码如图9-13所示。

当定时器角色接收到内容为"显示剩余时间"的消息后，将对剩余时间进行格式化处理，通过变量"倒计时"以"时:分:秒.毫秒"的格式显示时间。关于时间格式化的内容，请阅读本章"探索2"中的相关介绍。响应"显示剩余时间"的代码如图9-14所示。

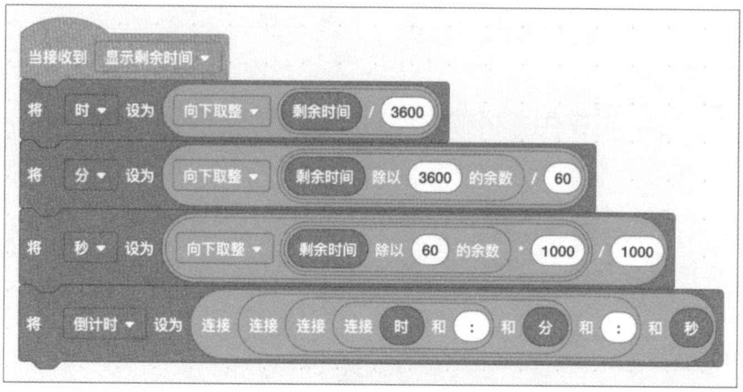

图9-14　响应"显示剩余时间"的代码

> **提示：** 在舞台上，将"倒计时"变量显示器切换到"大字显示"模式，然后将其移到定时器面板的时间显示区域。

图9-15　定时器角色的代码(3)

当定时器角色接收到内容为"剪断连线"的消息后，将会停止显示倒计时的时间。使用"停止（该角色的其他脚本）"积木，可以停止当前角色正在运行的其他脚本（程序），如图9-15所示。这样倒计时的脚本、显示剩余时间的脚本都会被停止运行。

4. 编写"小冰"角色的代码

当小冰角色接收到内容为"游戏开始"的消息后，将角色移到舞台的左下角，并切换为"小冰-亮"造型。如果玩家拆弹成功，小冰角色将保持这个造型不变。

当小冰角色接收到内容为"炸弹爆炸"的消息后，将切换为"小冰-灰"造型，表示拆除炸弹失败了。

当小冰角色接收到内容为"炸弹拆除"的消息后，将提示炸弹已拆除。

小冰角色响应上述3个消息的代码，如图9-16所示。

图9-16　小冰角色的代码

5. 编写"剪刀"角色的代码

在"拆弹训练"游戏中，玩家用鼠标控制剪刀角色去剪断炸弹的连接线。当剪刀角色接收到内容为"游戏开始"的消息后，先将角色移到最前面，角色大小设原大小的50%，然后让角色跟随鼠标指针在舞台上移动。当"游戏状态"大于0时（即炸弹爆炸或被拆除），则让剪刀不再跟随鼠标指针移动。剪刀角色响应"游戏开始"消息的代码，如图9-17所示。

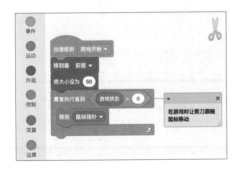

图9-17　剪刀角色的代码

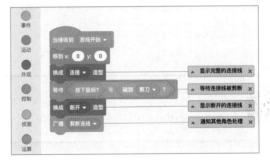

图9-18　红、黄、蓝连接线角色的代码

6. 编写炸弹连接线角色的代码

当炸弹连接线角色接收到内容为"游戏开始"的消息后，先显示完整的连接线，使用"连接"造型。然后，等待玩家用鼠标控制剪刀去剪断连接线。当连接线被剪断后，使用"断开"造型。之后，向其他角色广播一个内容为"剪断连线"的消息，以通知爆炸角色和定时器角色进行相应的处理。

红线角色、黄线角色和蓝线角色的行为都是一样的，它们的代码也都是相同的，分别在三个角色的代码区编写图9-18的代码即可。

运行程序

单击 ▶ 按钮运行项目，观看自己的创作成果吧！也可以分享给小伙伴一起玩哦！

 **知识扩展**

数字和逻辑运算

1. 算术运算和运算优先级

Scratch提供加法、减法、乘法和除法等算术运算积木。与数学课本中不同的是，Scratch用星号"*"作为乘法运算符，用斜杠（/）作为除法运算符。这些积木的用法比较简单，需要配合其他积木使用，如图9-19所示。

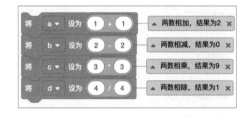

图9-19　加法、减法、乘法和除法运算示例

Scratch支持以嵌套方式使用运算积木，可以将不同的运算积木组合成复杂的算式。它的运算顺序为：从内层到外层。从积木堆叠的角度看，也可以把运算顺序看作是：从上层到下层。

例如，将算式(((4*5)-(2+3))*6)/(1+2)用Scratch的运算积木表示，嵌套结构如图9-20所示。图中从上到下展现的是从内层到外层的积木组合顺序，而它的运算顺序是先执行内层的积木，再执行外层的积木。

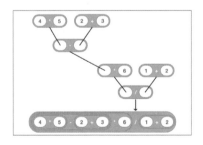

图9-20　一个用运算积木表示的复杂算式

2. 数学函数

Scratch不仅提供基本的算术运算，还提供丰富的数学函数以满足多种需求的数学运算。这些函数包括：取余数、取绝对值、四舍五入、向下取整、向上取整、求平方根，以及常用的正弦、余弦和正切等三角函数。其中，取余数和四舍五入这两个函数以独立的运算积木出现在积木列表中，其他函数则集中放在一个积木中，它有一个下拉列表可以选择使用的函数。表9-3是一些常用函数的用法示例和积木说明。

表 9-3   常用函数的用法示例和积木说明

示 例	运算结果	说 明
5 除以 2 的余数	1	返回第一个数除以第二个数的余数
绝对值 ▼ -5	5	返回一个数的绝对值。正数和零的绝对值是它本身，负数的绝对值是它的相反数
四舍五入 9.8	10	返回小数四舍五入后得到的整数
向下取整 ▼ 9.8	9	返回一个不大于并且最接近给定参数的整数
向上取整 ▼ 9.2	10	返回一个不小于并且最接近给定参数的整数
平方根 ▼ 9	3	返回一个数的平方根
sin ▼ 30	0.5	返回一个角度的正弦值
cos ▼ 60	0.5	返回一个角度的余弦值

3. 关系运算

关系运算，是对两个运算量进行大小关系的比较，运算的结果是一个布尔值（即只有true和false两种值）。Scratch提供"小于<""等于="和"大于>"这3种积木用于进行关系运算。

图9-21是使用关系运算积木比较数字和字母大小关系的示例。当比较数字的大小时，按照数字在数轴上的位置进行比较，在数轴右边的数字比左边的大；当比较字符串的大小时，按照字典顺序进行比较，并且不区分字母的大小写。

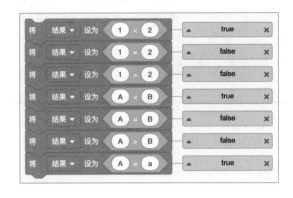

图9-21　使用关系运算积木比较数字和字母大小的示例

4. 逻辑运算

逻辑运算，又称布尔运算，是用来测试运算量的逻辑关系，运算的结果是一个布尔值。需要注意的是，参与逻辑运算的运算量也是一个布尔值。Scratch提供3种积木用于进行逻辑运算，它们分别是：与（and）、或（or）、不成立（not）。在Scratch中，逻辑运算积木需要与关系运算积木或逻辑运算积木自身嵌套使用。

"与"积木：只有当两个运算量的值为true时，它的运算结果才为true；如果其中一个运算量的值为false，那么它的运算结果就为false。

"或"积木：只有当两个运算量的值为false时，它的运算结果才为false；如果其中一个运算量的值为true，那么它的运算结果就为true。

"不成立"积木：当运算量的值为true时，它的运算结果为false；而当运算量的值为false时，它的运算结果为true。

图9-22是一些逻辑运算积木的使用示例。

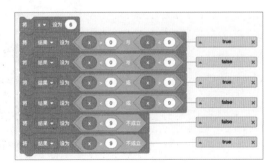

图9-22　逻辑运算积木使用示例

第10章 小冰的回忆

一个酷炫的舞台效果，能够给作品增色生辉。在用Scratch创作作品时，可以根据需要加入各种特效，如颜色、鱼眼、漩涡、像素化、马赛克、亮度和虚像等。作品的最终效果如何，除去技术因素，更多取决于你的创意。

本章以"小冰的回忆"项目为核心，讲解过场动画的制作方法。本项目涉及图像特效的制作、双态按钮的实现、自制积木、广播消息等方面的编程知识。

⚙ 项目描述

图10-1舞台上展示的是一组小冰军旅回忆的照片。通过"上一张"和"下一张"按钮可以切换不同的照片；通过"播放"按钮可以自动播放图片，并且是循环播放。当"播放"按钮按下后将会变成"停止"按钮，单击"停止"按钮会停止图片的播放。

在自动播放图片的时候，图片从舞台左上角以旋转方式飞入到舞台的中心，并且图片由小到大不断地变化，还使用了像素化特效让图片由模糊到清晰地显示出来。图片在舞台中心展示5秒，然后再以相反的方式飞出到舞台的右上角。

单击▶按钮运行项目，然后单击"播放"按钮，一起观看小冰的回忆吧！

图10-1 "小冰的回忆"项目效果图

项目路径： 资源包/第10章 小冰的回忆/小冰的回忆.sb3

运行这个项目玩一玩，看看包含哪些元素，思考这个项目是如何制作的。

操控方法： 单击 ▶ 按钮运行程序，单击舞台上的三个控制按钮以切换图片或者自动播放图片。

技术探索

制作"小冰的回忆"项目，需要用到图10-2中的这些积木。请在Scratch界面左侧的积木列表中找一找，看看这些积木分别躲藏在哪里？

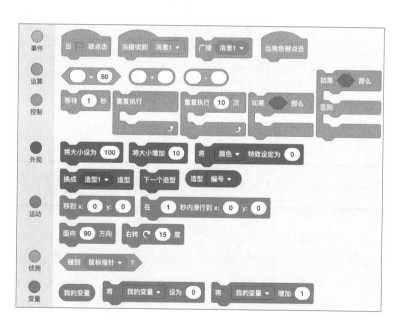

图10-2 "小冰的回忆"项目的积木列表

在制作"小冰的回忆"项目之前，让我们先对其中使用到的一些编程技术进行探索。

探索 1: 实现高亮按钮

在"小冰的回忆"项目中，单击舞台上的"下一张"和"上一张"按钮，可以向前或向后循环切换显示一组照片。按钮默认显示灰色，当把鼠标指针移到按钮上的时候，就会变成蓝色；当把鼠标指针移到按钮外面，又重新显示为灰色。这个特性称为按钮的高亮显示。

图10-3所示程序实现了一个具有高亮特性的按钮。Button3角色有两个造型，分别是灰色按钮和蓝色按钮。在程序运行中，如果鼠标指针碰到这个按钮，则显示蓝色按钮造型，否则显示灰色按钮造型。

另外，使用"当角色被点击"积木，可以响应用户的鼠标单击，然后执行需要的操作。在这个例子中，按钮被鼠标单击后，将出现"鼠标点击"提示。

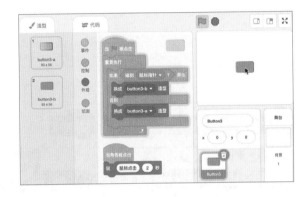

图10-3　一个具有高亮特性的按钮

 提示： Button3角色可以从Scratch的角色库中找到。

通过Scratch的绘图编辑器，可以给按钮造型添加文字内容。在绘图编辑器的工具栏中单击"文字"按钮，然后在按钮上单击，就可以输入文字内容，并设置文字的填充颜色、轮廓颜色、文字大小等。例如，可以在按钮上添加"上一张"或"下一张"文字。

探索 2: 轮换显示图片

在Scratch中，有两种方式可以实现图片的轮换显示。一种是利用舞台背景，将一组图片上传到舞台背景列表中，然后使用"换成…背景"或"下一个背景"积木轮换显示图片；另一种是利用角色，将一组图片上传到造型列表中，然后使用"换成…造型"或"下一个造型"积木轮换显示图片。

图10-4是一个利用角色实现轮换显示图片的简单程序。当按下向上键时，可以显示上一个造型图片；当按下向下键时，可以显示下一个造型图片。角色的每个造型都有一个编号，使用"造型（编号）"积木可以取得当前造型的编号，然后对造型编号进行加、减运算，得到下一个造型或上一个造型的编号，最后使用"换成…造型"积木切换造型，就能实现轮换显示图片的功能。

图10-4　利用角色实现轮换显示图片的简单程序

> **（！）** **提示：** 从本章提供的素材中选取几张图片，然后上传到Scratch项目中作为造型。

探索3：使用图像特效

在切换图片时，如果加上一些特效，切换的效果会更好看。Scratch支持对图像使用颜色、鱼眼、漩涡、像素化、马赛克、亮度和虚像7种特效。使用"将…特效设定为…"积木，可以让角色的造型图片或舞台背景图片添加一种或多种特效。

表10-1中展示了Scratch支持的图像特效，并给出了各种特效的取值范围。

表 10-1 Scratch 图像特效及其说明

特效名称	积　木	效果图	说　明
——	清除图形特效		清除加在角色或舞台的所有图形特效，恢复角色或舞台的原始状态
颜色	将 颜色 ▾ 特效设定为 100		改变图像的颜色，取值范围从0到199。可设定为任意数值，Scratch内部会自动调整为该数除以200的余数
鱼眼	将 鱼眼 ▾ 特效设定为 100		从图像的中心点产生鱼眼效果，取值范围从−100到无穷大
漩涡	将 漩涡 ▾ 特效设定为 200		围绕图像的中心点产生漩涡，可设定为任意数值，取负数时顺时针旋转，取正数时逆时针旋转
像素化	将 像素化 ▾ 特效设定为 30		对图像进行像素化模糊处理，最小值为0，最大值根据图像大小而不同
马赛克	将 马赛克 ▾ 特效设定为 15		将图像缩小并进行平铺分布，最小值为0，最大值根据图像大小而不同
亮度	将 亮度 ▾ 特效设定为 50		改变图像的明暗度，取值范围从−100到100，−100是纯黑色，100是纯白色
虚像	将 虚像 ▾ 特效设定为 50		改变图像的透明度，取值范围从0到100，0为不透明，100为完全透明

> **!** **提示：** 在表10-1中列出的7种特效积木，取0值时表示不使用特效，即恢复图像原来的状态。另外，可以在一个图像上同时叠加多种特效。

图10-5的程序实现了使用像素化特效切换舞台背景图片的功能。按下空格键后，先使用"将…特效增加…"积木把像素化特效的数值不断增大，使得当前背景图片逐渐变得模糊。然后，使用"下一个背景"积木切换舞台背景图片。接着，将像素化特效的数值不断减小，恢复为原来的数值0（即无特效），使得舞台背景图片逐渐清晰地展示出来。

> **!** **提示：** 在图10-5中使用的3张背景图片，可以在Scratch的背景库中找到，也可以使用任意图片。

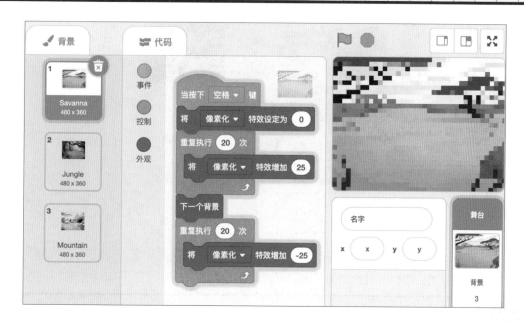

图10-5 使用特效切换舞台背景图片

探索4：制作过场动画

在"小冰的回忆"项目中，播放图片时不仅使用了像素化特效，还有飞入、飞出、旋转、放大、缩小等多种动画效果，这样的过场动画使得图片的切换更具有视觉吸引力。

图10-6所示程序实现了一个过场动画的简单框架。当单击 ![旗帜] 按钮运行项目后，就进入一个播放图片的循环。在循环中，依次执行"图片飞入""等待5秒""图片飞出""等待1秒""下一个造型"等操作。这是播放一张图片的过程，每张图片都会按照这个操作顺序进行播放。

其中，"图片飞入"和"图片飞出"是两个自制积木，它们分别调用"广播（飞入）"和"广播（飞出）"这两个积木来广播消息。响应这两个消息的分别是"当接收到（飞入）"和"当接收到（飞出）"积木。在"当接收到（飞入）"积木下的脚本，用于控制图片从舞台的左上角在1秒内滑行到舞台中心；在"当接收到（飞出）"积木下的脚本，用于控制图片从舞台中心在1秒内滑行到舞台右上角。

 提示： 要运行图10-6的程序，需要创建一个名为"照片"的角色，然后从本章提供的素材中选取几张图片上传到Scratch项目中作为造型。

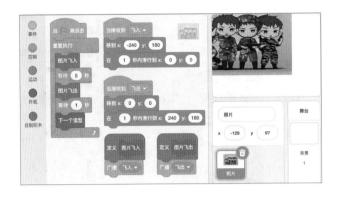

图10-6　一个过场动画的简单框架

以上实现的过场动画比较简单，只有"飞入"和"飞出"的简单动画。我们可以继续向框架程序中添加旋转、放大、缩小等其他动画，使动画类型更加丰富。

> **提示：** 请阅读第3章中关于如何创建新积木的内容，了解如何创建一个新积木。

在"当接收到（旋转）"积木下编写控制图片旋转360度的脚本，然后在"图片飞入"和"图片飞出"自制积木的脚本中分别加入"广播（旋转）"积木，以调用"旋转"动画操作。这样就实现了在过场动画中添加"旋转"动画的功能，如图10-7所示。

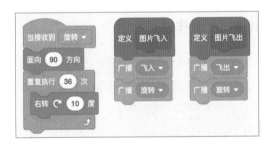

图10-7　在过场动画中添加旋转动画

在"当接收到（由大到小）"积木下编写控制图片不断缩小的动画脚本，在"当接收到（由小到大）"积木下编写控制图片不断放大的脚本。然后，在"图片飞入"自制积木的脚本中添加"广播（由小到大）"积木，在"图片飞出"自制积木的脚本中添加"广播（由大到小）"积木。这样就实现了在过场动画中添加放大和缩小的动画，如图10-8所示。

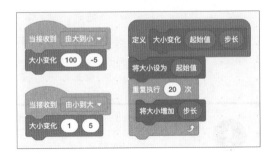

图10-8　在过场动画中添加放大或缩小动画

项目制作

经过前面的技术探索，现在开始制作"小冰的回忆"项目。

新建项目

启动Scratch软件，删除新项目中默认创建的小猫角色，然后将新项目以"小冰的回忆.sb3"的文件名保存到本地磁盘上。

> 🔍 **项目素材路径：** 资源包/第10章 小冰的回忆/素材

添加背景

切换到舞台背景编辑区，单击绘图编辑器下方的"转换为位图"按钮，切换到位图模式。然后，将填充颜色设置为白色，或者设置为自己喜欢的其他颜色。接着，使用填充工具将画布填充为所选择的颜色。

1. 添加"照片"角色

在角色列表区中，新建一个名为"照片"的角色，然后切换到造型编辑区，从本章素材文件夹中将图10-9的一组图片上传到Scratch项目中作为造型使用，也可以选择上传自己喜欢的一组照片。

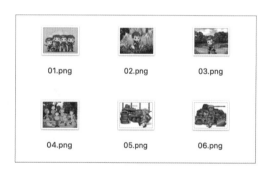

图10-9 "小冰的回忆"项目的素材图片

> ❗ **提示：** 为了获得好的显示效果，本项目的素材图片已经处理为480*360大小，与舞台大小一致。也可以将图片处理成4:3的比例，Scratch会自动缩放图片以适应舞台大小。

2. 添加三个按钮角色

从Scratch角色库中找到一个名为Button3的按钮角色，将其添加到角色列表区中。然后，将该角色的名字修改为"上一张"。接着，将"上一张"角色复制两份，并分别将角色名字修改为"下一张"和"播放"。

切换到"上一张"角色的造型编辑区，将灰色按钮的造型名字修改为"上一张-a"，蓝色按钮的造型名字修改为"上一张-b"。然后，在绘图编辑器中使用"文字"工具，在两个按钮上输入文字"上一张"，并适当调整文字大小和位置，使之与按钮相匹配。按此方法，将"下一张"角色的两个造型的名字分别修改为"下一张-a"和"下一张-b"，同时，也在两个按钮上输入文字"下一张"，并作适当调整。这两个角色的造型列表，如图10-10所示。

图10-10 "上一张"和"下一张"角色的造型列表

切换到"播放"角色的造型编辑区，将灰色和蓝色按钮造型各复制一份。然后，将一组灰色和蓝色按钮造型的名字修改为"播放-a"和"播放-b"，另一组按钮的造型名字修改为"停止-a"和"停止-b"。接着，在绘图编辑器中分别在两组按钮上输入文字"播放"和"停止"，并对文字大小和位置作适当调整。"播放"角色的造型列表，如图10-11所示。

图10-11 "播放"角色的造型列表

编写代码

准备好舞台的背景和角色的造型之后，就可以为角色编写代码了。

1. 编写"上一张"角色的代码

当单击▶按钮运行项目后，将"上一张"角色放在舞台的左下角，显示灰色按钮造型。在循环结构中，根据是否碰到鼠标指针决定显示蓝色按钮或灰色按钮。当该角色被单击时，将广播消息"上一张"，以通知"照片"角色切换为上一张图片，如图10-12所示。

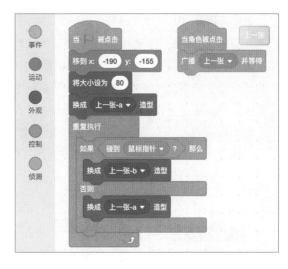

图10-12 "上一张"角色的代码

2. 编写"下一张"角色的代码

当单击▶按钮运行项目后，将"下一张"角色放在舞台的右下角，显示灰色按钮造型。在循环结构中，根据是否碰到鼠标指针决定显示蓝色按钮或灰色按钮。当该角色被单击时，将广播消息"下一张"，以通知"照片"角色切换为下一张图片，如图10-13所示。

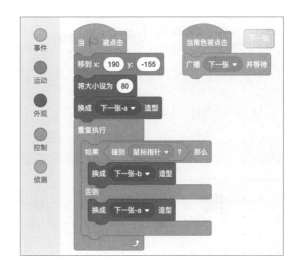

图10-13 "下一张"角色的代码

3. 编写"播放"角色的代码

"播放"角色要实现一个双态按钮,它有播放和停止两种状态。这个按钮既用于启动图片播放功能,也用于停止图片播放功能。当该角色处于停止状态时,单击它将进入播放状态;当该角色处于播放状态时,单击它将进入停止状态。为实现这个双态按钮,需要创建一个名为"播放状态"的变量,该变量取值为-1和1,分别表示停止状态和播放状态。

当单击▶按钮运行项目后,将"播放状态"变量的值设为-1(即停止状态),将"播放"角色放在舞台的底部中间,显示灰色的播放按钮造型。然后,在循环结构中,根据是否碰到鼠标指针和"播放状态"变量的值,决定显示某组按钮中的蓝色按钮或灰色按钮,如图10-14所示。

当该角色被点击时,将"播放状态"变量的值设为它的相反数,以改变为另一种状态。然后根据该变量的值决定进行哪种操作,如果该变量的值为1,则广播消息"自动播放图片",以通知"照片"角色循环播放一组照片;如果该变量的值为-1,则广播消息"停止播放图片",以通知"照片"角色停止播放照片,如图10-15所示。

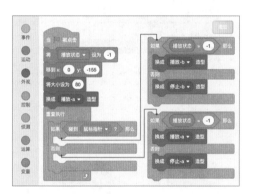

图10-14 "播放"角色的代码(1)   图10-15 "播放"角色的代码(2)

4. 编写"照片"角色的代码

"照片"角色是该项目的核心,它采用过场动画的形式,以切换造型的方式实现轮流播放一组照片的功能。

当单击▶按钮运行项目后,先显示"照片"角色的第1个造型。创建一个名为"显示图片"的自制积木用于实现显示图片的功能,这样可在其他地方重复使用该积木,如图10-16所示。

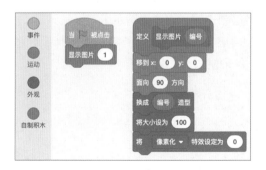

图10-16 显示图片的代码

提示： 请阅读本章"知识扩展"内容，了解如何创建一个带有参数的自制积木。

当该角色接收到"上一张"消息后，将会显示前一个造型；当接收到"下一张"消息后，将会显示下一个造型，如图10-17所示。

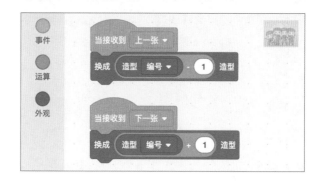

图10-17　切换造型的代码

当该角色接收到"自动播放图片"消息时，将进入使用过场动画的形式循环播放一组照片的过程，如图10-18所示。请阅读本章"探索4：制作过场动画"的内容，了解过场动画的制作方法。

播放图片时的过场动画包括"图片飞入"和"图片飞出"两个阶段，在两个阶段之间留有5秒的时间用于显示照片，以供用户观赏。在"图片飞入"阶段，设计"飞入""由小到大""旋转""像素化特效"等动画和特效；在"图片飞出"阶段，设计有"飞出""由大到小""旋转""像素化特效"等动画和特效。这两个阶段要进行的操作分别放在"图片飞入"和"图片飞出"这两个自制积木中完成。

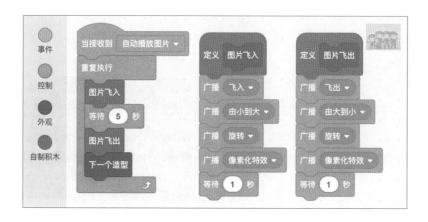

图10-18　使用过场动画的形式循环播放一组图片的代码

图10-19的两个脚本用于实现"飞入"和"飞出"的动画效果。它利用"在…秒内滑行到x:…,y:…"积木实现角色的平滑移动。

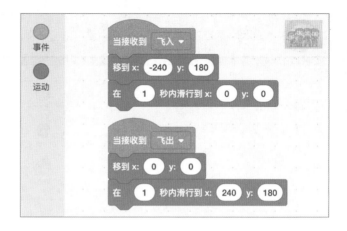

图10-19 实现"飞入"和"飞出"动画效果的代码

图10-20的三个脚本用于实现"由小到大"和"由大到小"的动画效果。它利用外观模块中的"将大小设为…"和"将大小增加…"积木，实现角色放大和缩小的功能。

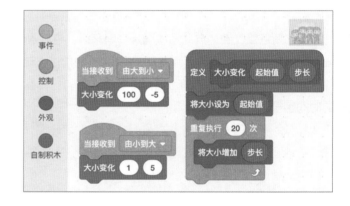

图10-20 实现"由小到大"和"由大到小"动画效果的代码

图10-21的两个脚本分别用于实现"旋转"和"像素化特效"的动画和特效。

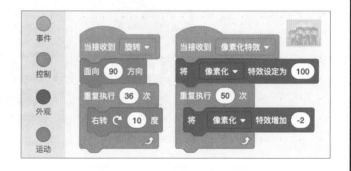

图10-21 实现"旋转"和"像素化特效"动画和特效的代码

当该角色接收到"停止播放图片"消息时，将停止该角色其他脚本的运行，然后显示当前播放的图片，如图10-22所示。

到这里，"小冰的回忆"项目就编写完成了。

图10-22　停止播放图片的代码

运行程序

单击  按钮运行项目，观看自己的创作成果吧！也可以分享给小伙伴欣赏哦！

知识扩展

分而治之的策略

在生活中，给你一颗小葡萄，你一口就可以吃掉；而给你一个大西瓜，你就不能一口吃掉了。这时，就可以采取"分而治之"的策略，将大西瓜切成小块，分而食之。编程也是如此。随着对Scratch编程的了解不断深入，你迟早会去挑战一些规模更大、功能更复杂的大型程序。这时，"分而治之"将是一个行之有效的策略。

如何将一个大型程序分成"小块"呢？使用Scratch的提供消息积木和自制积木，可以把大型程序分成若干个小模块，然后分别编写和测试各个小模块，最终将这些小模块整合在一起，从而完成大型程序的编写。这种编程方法也称为"模块化编程"。

1. 利用消息积木分而治之

利用消息积木可以在Scratch中实现模块化编程。每一个"当接收到…"积木可以作为一个小程序的开头，然后在其下面可以编写一段代码实现某个功能。将一个大程序划分成多少个模块，就可以用多少个"当接收到…"积木来编写程序。

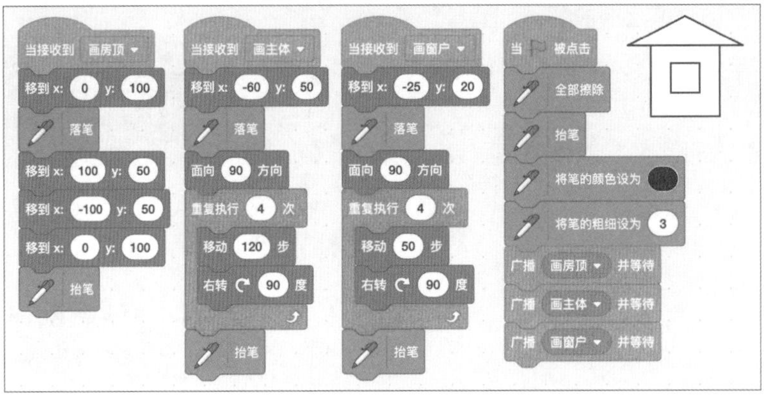

图10-23　利用消息积木画房子

图10-23是一个使用消息积木画房子的程序。这个房子比较简单，由房顶（三角形）、主体（正方形）和窗户（正方形）3个部分组成。在程序中，每一个部分的绘制代码放在一个“当接收到…”积木下面。在“当🏁被点击”积木下面，分别使用“广播…并等待”积木发送“画房顶”“画主体”“画窗户”这3个消息，则对应的“当接收到…”积木响应程序就会被执行，然后依次画出房子的各个部分。

“广播…并等待”积木在执行的时候，会等待对应的“当接收到…”积木响应程序全部执行完毕之后，才会执行它下面的积木。如果换成“广播…”积木，则在发送消息之后，马上就会执行它下面的积木，这样上述程序就得不到预期的结果。

在“小冰的回忆”项目中，使用“广播…”积木以异步方式执行程序，从而可以同时做多个动画和特效。

由此可见，“广播…并等待”积木是以同步方式执行的，而“广播…”积木是以异步方式执行的。请注意，不要被“异步”和“同步”两个词误导。可以这样理解：异步方式可以同时做多件事，而同步方式则是一件事做完再做下一件事。

2. 利用自制积木分而治之

利用自制积木也可以在Scratch中实现模块化编程。一个大程序可以划分为多个模块，每个模块可以使用一个自制积木来编程实现。

图10-24是一个使用自制积木画房子的程序，它与前面介绍的使用消息积木画房子的程序在整体上是相同的。不同之处在于，“当接收到…”积木被“定义…”积木代替，“广播…并等待”积木被“画房顶”等积木代替。

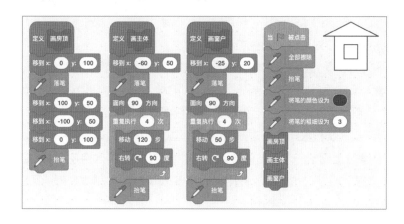

图10-24　利用自制积木画房子

消息积木和自制积木是Scratch提供的两种模块化编程方法。在某些情况下，两种方法可以相互代替，但是两者有各自的特点，适用于不同的场合。例如，消息积木可以使用同步和异步两种方式执行，而自制积木只能使用同步方式执行；使用消息积木只能发送一个消息名称，不能携带其他数据，而自制积木可以设计为带参数的形式，可以将不同的数据传入自制积木内部进行处理，在使用上更为灵活多变，具有更高的可复用性。

3. 创建带参数的自制积木

如何创建一个带参数的自制积木呢？下面以创建一个带参数的画正多边形的自制积木为例进行介绍。

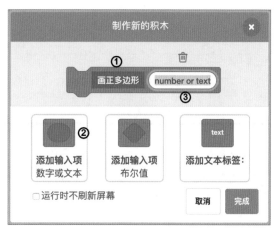

图10-25　"制作新的积木"对话框

单击界面左侧的"自制积木"模块，然后在积木列表中单击"制作新的积木"按钮，将弹出图10-25的"制作新的积木"对话框。首先在积木名称文本框中输入"画正多边形"文字①，然后单击对话框中的"添加输入项-数字或文本"按钮②，在积木名称后面添加名称为number or text的输入项③。这个输入项就是自制积木的参数，在添加的输入项文本框中将其名称修改为"边数"。之后单击"完成"按钮，再到角色代码区中编写自制积木的实现代码。

　　图10-26的程序实现了根据给定的边数绘制正多边形的功能。在程序中，通过调用"画正多边形（5）"积木，在舞台上画出一个正五边形。其中，数字5就是传入自制积木内部的参数，根据这个参数就可以画出需要的正多边形。如果调用"画正多边形（6）"积木，则能画出一个正六边形。

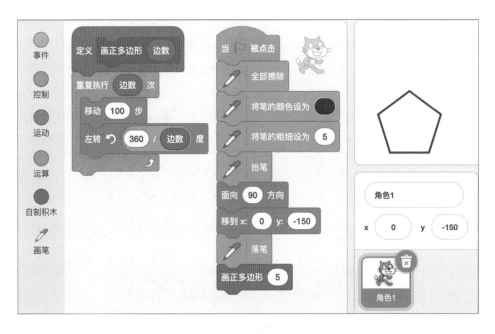

图10-26　画正多边的程序

试一试

HAVE A TRY

给"画正多边形"积木添加第2个参数，参数名字是"边长"，使得调用"画正多边形"积木时可以指定要画的正多边形的边数和边长。

在游戏编程中培养计算思维

谢声涛 编著

中国青年出版社

图书在版编目（CIP）数据

陪孩子玩Scratch：在游戏编程中培养计算思维：全三册 / 谢声涛编著
. -- 北京：中国青年出版社，2021.5
ISBN 978-7-5153-6354-7

I.①陪...　II.①谢...　III.①程序设计-青少年读物　IV.①TP311.1-49

中国版本图书馆CIP数据核字（2021）第062851号

陪孩子玩Scratch——
在游戏编程中培养计算思维（全三册）

谢声涛 / 编著

出版发行	中国青年出版社		印　刷	北京瑞禾彩色印刷有限公司
地　址	北京市东四十二条21号		开　本	787×1092 1/16
邮政编码	100708		印　张	20.5
电　话	（010）59231565		版　次	2021年8月北京第1版
传　真	（010）59231381		印　次	2021年8月第1次印刷
企　划	北京中青雄狮数码传媒科技有限公司		书　号	ISBN 978-7-5153-6354-7
			定　价	128.00元（全三册）（附赠独家秘料,含案例素材文件）
策划编辑	张　鹏			
执行编辑	王婧娟			
营销编辑	时宇飞			
责任编辑	张　军			
封面设计	乌　兰			

本书如有印装质量等问题，请与本社联系
电话：（010）59231565
读者来信：reader@cypmedia.com
投稿邮箱：author@cypmedia.com
如有其他问题请访问我们的网站：http://www.cypmedia.com

INTRODUCTION
内容简介

　　少儿学编程，就从Scratch开始吧！《陪孩子玩Scratch：在游戏编程中培养计算思维》是专门为8岁以上零基础中小学生编写的Scratch 3.0编程入门教材。本书分为启蒙篇、入门篇和提高篇三部分，共16章。第一部分通过游戏闯关式课程和任务驱动式课程进行编程启蒙教育，让孩子在自主探索中锻炼观察能力和抽象思维能力，逐步掌握顺序、循环、分支和函数等程序设计的基础知识；第二、三部分通过PBL项目式学习课程进行Scratch编程基本知识和高级技术的学习，使用任务分解和原型系统的方法降低探索学习的难度，让青少年在学习创作趣味游戏项目的过程中潜移默化地培养计算思维，掌握人工智能时代不可或缺的编程能力。

　　本书适合作为8岁以上零基础中小学生的编程入门教材，也适合作为所有对图形化编程感兴趣的青少年的自学教材。

前言

PREFACE

　　人工智能时代悄然而至，编程被推上时代浪潮之巅。在教育领域，世界各地都在大力推进青少年编程教育的普及，一些国家甚至已经将编程列为中小学的必修课。

　　有一句话大家都很熟悉："计算机普及要从娃娃抓起"。编程也是如此，在中小学阶段就可以开展编程教育，培养和提高学生的信息素养。随着经济和科技水平的提高，每个人拥有一台计算机不再是梦想。身处信息时代，编程成为了一个人现代知识体系的重要组成部分，是和阅读、写作一样重要的基本技能。除了母语、外语，我们还应该掌握一种或多种编程语言，如Scratch、Python、C、C++等。在众多的编程语言中，图形化编程语言Scratch往往是广大中小学生学习的第一种编程语言。

　　《陪孩子玩Scratch：在游戏编程中培养计算思维》是专门为8岁以上零基础的中小学生编写的Scratch 3.0编程入门教材，集游戏闯关式课程、任务驱动式课程和PBL项目式学习课程于一体，鼓励青少年通过自主探索学习的方式构建Scratch编程的知识体系，使其在创作趣味游戏项目的过程中潜移默化地培养计算思维，掌握人工智能时代不可或缺的编程能力，成为未来科技的创造者。

本书特点

1. 本书是低起点、零基础的Scratch编程入门教材，适合家长陪伴孩子边玩边学，主动探索和创作有趣的项目，沿着"启蒙-入门-提高"的路径学习和掌握Scratch编程技术。

2. 本书采用游戏闯关式课程和任务驱动式课程进行编程启蒙教育，能够让孩子在自主探索中锻炼观察能力和抽象思维能力，逐步掌握顺序、循环、分支和函数等程序设计的基础知识。

3. 本书基于趣味游戏案例设计PBL项目式学习课程，能够激发孩子的学习内驱力，让孩子通过自主探索掌握Scratch编程的基本知识和高级技术，并且通过任务分解和原型系统降低了探索学习的难度，进而使孩子能够制作出完整而复杂的Scratch项目。

4. 本书设有"知识扩展"栏目，能够让孩子进一步学习与项目相关的编程知识和编程思想，弥补PBL项目式学习的短板，以使孩子系统地掌握Scratch编程知识和进行技术储备，进而自主地扩展现有项目或创作新项目。

5. 本书案例程序采用最新版本的Scratch 3.0软件编写，同时兼容有道卡搭Scratch 3.0在线版等替代软件。

本书主要内容

本书分为启蒙篇、入门篇和提高篇三部分，内容由浅入深、循序渐进，建议初学者按照顺序进行阅读和学习，打好编程基础。

第一部分是启蒙篇，安排4章内容。首先，介绍Scratch软件的安装方法、界面布局和基本的编程操作；然后，通过"经典迷宫"主题的游戏闯关式课程进行编程启蒙教育，让孩子跟随"愤怒的小鸟"游戏中的角色一起学习顺序、循环和分支等程序

设计的基础知识；接着，通过"海龟谜图"主题的任务式课程训练观察能力和抽象思维能力，让孩子掌握如何使用画笔积木绘制9个从易到难的几何图形；最后，引导孩子利用模块化思想创作"花猫接鸡蛋""欢乐打地鼠"和"鲨鱼吃小鱼"三个小游戏，感受Scratch编程的乐趣。

第二部分是入门篇，安排6章内容。通过6个简单的Scratch项目（"新兵介绍""士兵出击""敌人在哪里""射击训练""拆弹训练""小冰的回忆"），学习运用运动、外观、声音、事件、控制、侦测、运算、变量、自制积木等模块制作项目，并掌握Scratch的坐标和方向系统、角色的外观切换、角色运动和碰撞检测、广播和接收消息、图像特效的使用等编程技术。在"知识扩展"栏目中，孩子将进一步学习事件驱动编程模式、变量和表达式、列表的使用、碰撞检测的多种方式、数字和逻辑运算等内容，以及利用广播消息和自制积木实现分而治之的编程策略。

第三部分是提高篇，安排6章内容。孩子将利用功能分解、原型系统等方法制作6个难度中等或复杂的Scratch项目（"登陆月球""停车训练""导弹防御战""高炮防空战""深海探宝""疯狂出租车"），涉及火焰特效和照明特效的制作、屏幕滚动、关卡设计等高级编程技术。在"知识扩展"栏目中，孩子将进一步学习按键事件与按键侦测、优化碰撞检测、面向对象编程模式、列表的高级用法等内容，以及制作地图编辑器和游戏框架的方法。本篇将通过大型Scratch项目的设计与实践，有效地锻炼和提高孩子的编程能力。

学习资源

(1) 本书资源下载

本书附带的资源包括各个案例的程序文件和素材，读者可关注微信公众号"小海豚科学馆"，选择菜单中的"资源/图书资源"选项就能得到资源包的下载方式。

(2) 在线答疑平台

本书提供QQ群（149014403）、微信群和"三言学堂"知识星球社区等多种在线平台为读者解答疑难和交流学习。添加微信号（87196218）并说明来意，可获得进入微信群和"三言学堂"知识星球社区的邀请。由于作者水平所限，本书难免会有错误，敬请读者朋友批评指正。

(3) 进阶学习图书

在学习完本书之后，推荐使用以下两本教材继续学习Scratch编程，以进一步提高编程水平，为以后参加Scratch编程等级考试或编程大赛打下扎实的基础。

◇《Scratch编程从入门到精通》（ISBN：978-7-302-50837-3，清华大学出版社）。

◇《"编"玩边学：Scratch趣味编程进阶——妙趣横生的数学和算法》（ISBN：978-7-302-49560-4，清华大学出版社）。

本书适用对象

本书适合作为8岁以上零基础中小学生的编程入门教材，也适合作为所有对图形化编程感兴趣的青少年的自学教材。建议低龄小学生由家长陪伴进行学习，共同感受编程的神奇魅力。

千里之行，始于足下。现在就开始踏上奇妙的Scratch编程之旅吧！

谢声涛　2020年9月

目录

CONTENTS

第三部分
提 高 篇

第 11 章

登陆月球·············· 182

◇项目描述 ··················· 182

◇技术探索 ··················· 183

　探索 1：登陆器的降落 ·········· 183

　探索 2：登陆器的操控 ·········· 184

　探索 3：登陆器的着陆 ·········· 185

◇项目制作 ··················· 186

◇知识扩展：按键事件与按键

　侦测 ····················· 192

第 12 章

停车训练 ··············· 194

◇项目描述 ··················· 194

◇技术探索 ··················· 195

　探索 1：地形的制作 ············ 195

　探索 2：汽车的操控 ············ 196

　探索 3：停车入位 ············· 197

◇项目制作 ··················· 198

◇知识扩展：优化碰撞检测 ········ 204

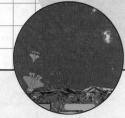

第 13 章

导弹防御战 ·················· 208

◇项目描述 ··················· 208

◇技术探索 ··················· 209

　探索 1：制作导弹装备 ·········· 209

　探索 2：角色的克隆 ············ 212

　探索 3：制作火焰特效 ·········· 215

　探索 4：绘制圆头血条 ·········· 216

◇项目制作 ··················· 217

◇知识扩展：面向对象编程模式 ··· 227

第 14 章

高炮防空战 ················ 230

◇ 项目描述 ···················· 230
◇ 技术探索 ···················· 231
　探索 1：角色平滑进出舞台 ······ 231
　探索 2：设计炮弹的弹道 ········ 232
　探索 3：制作自由落体炸弹 ······ 233
　探索 4：绘制矩形血条 ·········· 234
◇ 项目制作 ···················· 234
◇ 知识扩展：列表的高级用法 ······ 247

第 15 章

深海探宝 ···················· 252

◇ 项目描述 ···················· 252
◇ 技术探索 ···················· 253
　探索 1：制作背景和地形 ········ 253
　探索 2：潜艇的操控 ············ 254
　探索 3：潜艇的照明 ············ 256
　探索 4：简单闯关游戏 ·········· 258
◇ 项目制作 ···················· 261
◇ 知识扩展：制作地图编辑器 ······ 270

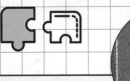

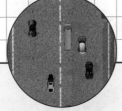

第 16 章

疯狂出租车 ·················· 274

◇ 项目描述 ···················· 274
◇ 技术探索 ···················· 275
　探索 1：屏幕滚动技术 ·········· 275
　探索 2：出租车的操控 ·········· 278
◇ 项目制作 ···················· 280
◇ 知识扩展：制作游戏框架 ········ 289

PART 3

提高篇

03

第11章 登陆月球

在舞台的虚拟世界中，角色的运动可以是非匀速的，我们可以使用变量控制角色进行加速或减速，让它像在真实世界中一样进行变速运动。通过对自然世界中运动现象的模拟，可以让虚拟世界中的角色表现出逼真的运动效果。

本章以"登陆月球"项目为核心，讲解使用变量控制角色进行变速运动的方法。本项目综合运用前面所学的内容，涉及变量的自增和自减、关系和逻辑运算、距离侦测、按键事件和按键侦测、x坐标和y坐标的相对移动等方面的编程知识。

⚙ 项目描述

2019年1月3日，中国的"嫦娥四号"着陆器首次实现了人类在月球背面软着陆，本项目将模拟这一具有历史意义的着陆过程。图11-1舞台上展示的是月球表面的场景。现在，你是着陆器的操作员，由你来完成手动操控着陆器在月面安全着陆的操作，准备好了吗？

图11-1 "登陆月球"项目效果图

单击按钮运行项目，然后使用键盘方向键控制着陆器安全着陆。向左键和向右键可以控制着陆器向左或向右飞行，向上键可以控制着陆器上升。着陆器的燃料量是100，控制着陆器左右移动或上升都会消耗一定数量的燃料。如果在燃料耗尽之前无法在指定区域安全着陆，着陆器将会撞向月面爆炸，整个登月计划也将功亏一篑。

好了，现在把控制权交给你，请操控着陆器安全着陆吧！

> **项目路径：** 资源包/第11章 登陆月球/登陆月球.sb3

运行这个项目玩一玩，看看包含哪些元素，思考这个项目是如何制作的。

操控方法： 单击按钮运行程序，按下方向键 控制着陆器左右移动和上升。

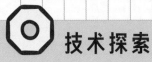

技术探索

在制作"登陆月球"项目之前，让我们先对其中使用到的一些编程技术进行探索。

探索 1：登陆器的降落

在"登陆月球"项目中，需要模拟登陆器在月球表面降落的过程。为了方便，我们使用Scratch角色库中的小球角色（Ball）代替登陆器来编写程序。

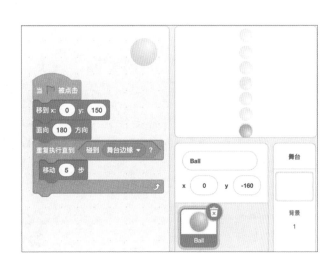

图11-2　小球降落程序

图11-2的程序中,使用"移到x:…,y:…"积木将小球放在舞台上方(0,150)的位置,使用"面向180方向"积木让小球面向舞台下方。然后,在"重复执行直到…"循环积木中,使用"移动5步"积木让小球以相同的速度向下移动,直到碰到舞台底部边缘时停止。

在这个程序中,小球以相同的速度向下移动,这样的运动显得不够自然。在真实世界中,无论是在地球上,还是在月球上,物体从星球上空降落时,会受来到来自星球重力的影响,在下降过程中会不断地加速。

图11-3 不断加速降落的小球

图11-3的程序中增加了"降落速度"变量,用来表示小球降落的速度。在小球降落的过程中,让该变量的值以0.1的增幅不断变化,从而使得小球的降落速度越来越快。这样的运动方式更接近于真实世界中的落体运动。

探索 2:登陆器的操控

在"登陆月球"项目中,需要给登陆器加上制动系统,使其在降落时能够减速,以安全着陆。否则,登陆器将会直接坠毁在月球表面。

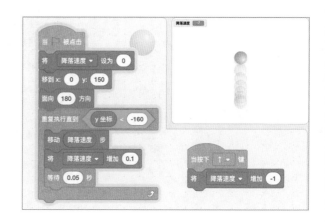

图11-4 控制小球向上移动

在程序运行后，当按下向上键时，就将变量"降落速度"的值减去1。连续多次按下向上键，就能让小球减缓下降的速度，并逐渐加速向上移动，如图11-4所示。

在这个程序中，增加一个"等待0.05秒"积木以减缓小球的速度，这样能够更好地测试和观察小球的减速效果。

除了控制小球向上移动，还要控制小球向左或向右移动，以便让小球能够降落到设置在舞台底部的安全区域。

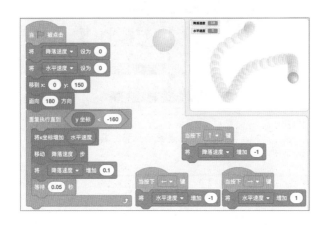

图11-5　控制小球向左、向右移动

图11-5的程序中增加了一个"水平速度"变量，用来表示小球的水平移动速度。当该变量是正数时，小球向右移动；是负数时，小球向左移动；是0时，小球在水平方向不移动。在程序运行后，按下向左键，让该变量的值减1；按下向右键，让该变量的值加1。这样就能实现控制小球在水平方向移动。

到这里，就给小球添加了一套制动系统，能够控制小球在舞台中向上、向左和向右运动。这样就可以控制小球降落在舞台的任何区域。

探索3：登陆器的着陆

在"登陆月球"项目中，登陆器需要缓慢地降落在指定区域内才算登陆成功，否则将视为登陆失败。接着前面的程序继续进行创作，从Scratch角色库中添加一个名为Paddle的角色作为降落平台，要求将小球角色以较慢的速度降落在Paddle角色上面。在这个程序中，当小球角色碰到Paddle角色后，检查小球的降落速度。如果变量"降落速度"的值小于2，则视为安全着陆，提示"成功"；否则，视为登陆失败，提示"失败"。另外，当小球角色没有碰到Paddle角色时，检查小球角色的y坐标是否小于−160，即当小球降落到了舞台底部时，视为登陆失败，提示"失败"，如图11-6所示。

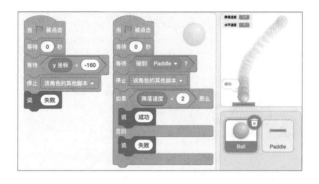

图11-6　检测登陆器安全着陆

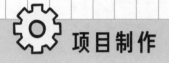

在前面的"技术探索"中，实现了"登陆月球"项目的原型。虽然这个原型比较简单，但是能够体现"登陆月球"项目的基本功能。在实际的软件系统开发中，也经常会先创建简单的原型系统，用于进行需求分析、技术验证、功能演示等。原型系统并不要求完整，可以只针对某个局部问题建立专门的原型。

经过前面的技术探索，现在开始制作"登陆月球"项目吧。

新建项目

启动Scratch软件，删除新项目中默认创建的小猫角色，然后将新项目以"登陆月球.sb3"的文件名保存到本地磁盘上。

 项目素材路径： 资源包/第11章 登陆月球/素材

添加背景

从本地磁盘上的素材文件夹中选择"月球表面图.png"图片文件，然后上传到Scratch项目中作为舞台的背景。

添加角色

新建一个空角色，修改名字为"登月器"，然后从本地磁盘上的素材文件夹中选择4个登月器的造型和1个爆炸造型的图片文件，上传到Scratch项目中作为角色。图11-7是登月器角色的造型列表。

图11-7　登月器角色的造型列表

绘制角色

新建一个空角色，修改名字为"着陆区"，然后利用绘图编辑器绘制一个白色的椭圆形造型，大小为120×60。绘制步骤为：先使用"圆"工具在画布上画出一个椭圆形（轮廓为白色，线条宽度为5），然后使用"橡皮擦"工具在椭圆形上擦除部分线条，得到一个虚线构成的椭圆形，以此在舞台上圈出着陆区。

 提示： 如果不想绘制造型，可以从本地磁盘上的素材文件夹中选择"着陆区.svg"矢量图片文件，然后上传到Scratch项目中作为角色。

编写代码

准备好舞台的背景和角色的造型之后，就可以为角色编写代码了。在"登陆月球"项目中，着陆区角色不需要编写代码，只需要给登月器角色编写代码。

1. 编写登月器初始化的代码

首先创建"降落速度""水平速度""燃料""状态"4个变量，然后编写图11-8的登月器初始化代码。

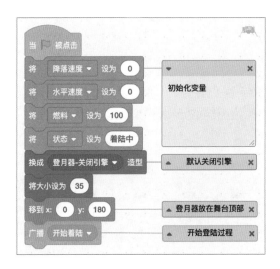

图11-8　登月器初始化代码

当单击 🏳 按钮运行项目后，先给4个变量设定初始值。其中，变量"降落速度"和"水平速度"的值都设为0，即让登月器在开始时静止不动；变量"燃料"的值设为100，即登月器在降落过程中使用的燃料数量是100；变量"状态"的值设为"着陆中"，表示登月器进入登陆过程。然后，将登月器切换为关闭引擎的造型，并将登月器放在舞台上方（0,180）位置处。最后广播"开始着陆"消息，由此开始登月器的着陆过程。

2. 编写登月器降落的代码

图11-9是在一个循环结构中实现登月器的着陆过程。根据"降落速度"变量的值进行进行向下或向上的运动，根据"水平速度"变量的值进行向左或向右运动。登月器的降落速度不断增加，每次增加量为0.1。

在这个程序中，我们使用"等待0.05秒"积木减缓登月器的降落速度，以便于玩家的操作。如果想增加游戏难度，可以减少等待时间。

当变量"状态"的值不是"着陆中"时，则退出循环，结束着陆过程。然后，根据该变量的值来判断登月成功或者是失败。如果"状态"变量的值为"成功"，则表示登月器安全着陆，提示

"登月成功！"；否则，表示登月失败，将登月器切换为爆炸造型。

3. 编写登月器向上移动的代码

图11-10中的程序使用向上键控制登月器向上移动，每按一次键向上移动1个单位，并且要消耗2个单位的燃料。登月器在上升时，切换为"登月器-上升"造型，即让登月器点燃其主引擎。

只有当变量"状态"的值为"着陆中"，并且变量"燃料"的值大于0时，才能控制登月器向上移动。

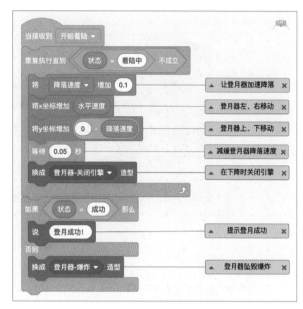

图11-9　登月器降落的代码

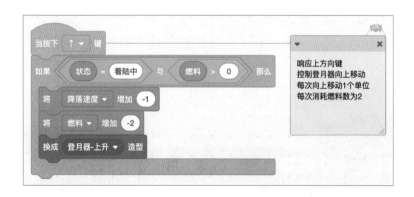

图11-10　登月器向上移动的代码

4. 编写登月器向左移动的代码

图11-11中的程序使用向左键控制登月器向左移动，每按一次键向左移动1个单位，并且要消耗1个单位的燃料。登月器在向左移动时，切换为"登月器-向左"造型，即让登月器点燃其右侧的小引擎。

只有当变量"状态"的值为"着陆中",并且变量"燃料"的值大于0时,才能控制登月器向左移动。

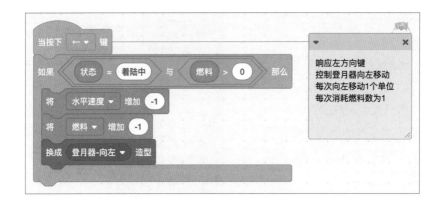

图11-11　登月器向左移动的代码

5. 编写登月器向右移动的代码

图11-12中的程序使用向右键控制登月器向右移动,每按一次键向右移动1个单位,并且要消耗1个单位的燃料。登月器在向右移动时,切换为"登月器-向右"造型,即让登月器点燃其左侧的小引擎。

只有当变量"状态"的值为"着陆中",并且变量"燃料"的值大于0时,才能控制登月器向右移动。

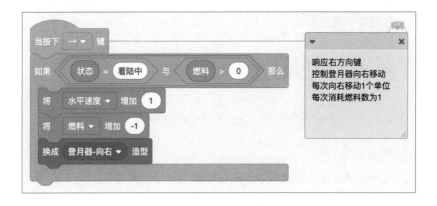

图11-12　登月器向右移动的代码

6. 编写检测登月器着陆的代码

在"登陆月球"项目中，着陆区域用一个椭圆形标识。玩家需要操控登月器安全降落在着陆区域中。图11-13是检测登月器着陆的代码。

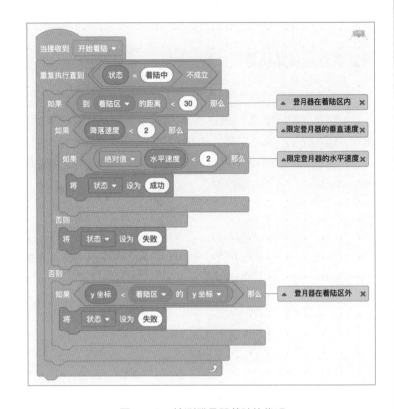

图11-13　检测登月器着陆的代码

登月器在着陆区域内安全着陆需要满足3个条件：①登月器角色与着陆区角色的距离小于30；②登月器的降落速度小于2；③登月器向左或向右移动的速度都小于2。

当登月器着陆成功时，将变量"状态"的值修改为"成功"。

登月器着陆失败需要满足2个条件：①登月器角色与着陆区角色的距离大于30；②登月器的y坐标小于着陆区的y坐标。也就是说，登月器降落在着陆区之外、并且向下超过着陆区的位置，视为登月器坠毁。

当登月器着陆失败时，将变量"状态"的值修改为"失败"。

运行程序

单击 ▶ 按钮运行项目，观看自己的创作成果吧！也可以分享给小伙伴一起玩哦！

知识扩展

按键事件与按键侦测

1. 按键事件和按键侦测的特点

按键事件和按键侦测是Scratch支持的两种响应用户键盘操作的方式。按键事件由操作系统在用户按键时发出，操作系统会控制按键的重复速度和重复延迟。简单地说，就是重复按键之间会有一个短暂的停顿。使用按键事件编程时，响应程序是被动地等待事件的发生并进行处理；而使用按键侦测编程时，响应程序是主动地读取按键的状态并进行处理。

图11-14 小猫和小狗赛跑

图11-14的程序是让小猫和小狗比赛，看谁跑得快。在小猫角色的代码中，使用按键事件的方式进行编程，当按下D键时让小猫向前移动；在小狗角色的代码中，使用按键侦测的方式进行编程，当按下向右键时让小狗向前移动。在程序运行后，需要重复多次地按下D键，才能让小猫向前走一段距离；而只要按下向右键不动，就可以让小狗迅速前进。

通过测试可以发现，使用按键事件方式控制角色运动会出现卡顿的现象，使用按键侦测方式则可以控制角色平滑地运动。因此，在创作项目时，可以根据具体的应用场景来选择使用按键事件和按键侦测。例如，在创作"登陆月球"这类项目时，不需要通过按键控制角色平滑移动，就可以选择使用按键事件的方式进行编程；在创作赛车游戏这类项目时，需要通过按键控制角色平滑地移动，就可以选择使用按键侦测的方式进行编程。

2. 利用消息积木将按键侦测模拟成按键事件

事件是基于消息实现的，可以使用消息积木将按键侦测模拟成按键事件。在一个循环结构中，当检测到空格键被按下时，就使用"广播…"积木发送一个名为"按下空格键"的消息。然后，使用"当接收到…"积木接收名为"按下空格键"的消息，在响应消息的脚本中，让小猫从舞台底部向上跳跃，如图11-15所示。

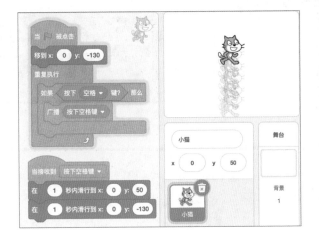

图11-15　跳跃的小猫

图11-16　"键盘属性"设置窗口

3. 修改按键事件的检测频率

按键事件的检测频率是由操作系统进行管理的。图11-16是Windows操作系统中的"键盘属性"设置窗口。在"速度"选项卡中，可以调整"重复延迟"和"重复速度"这两项属性，达到提高按键事件检测频率的目的。将"重复延迟"调到最短，"重复速度"调到最快，然后再运行图10-15中的"小猫和小狗赛跑"程序。当按下D键时，就可以看到小猫的移动状态变得比较平滑了。

第12章 停车训练

在舞台这个虚拟世界中，可以为角色创建各种各样的场景，然后将角色放置其中尽情表演。根据剧情需要，你可以在自己创作的作品中创建一个小区停车场，让玩家进行停车训练；创建一个城市街道，让玩家进行竞速赛车；创建一个深海洞窟，让玩家开展一场探宝之旅；创建一个海岸基地，让玩家进行一场导弹防御战，等等。

本章以"停车训练"项目为核心，讲解地形的制作方法和角色操控技术。本项目综合运用前面所学的内容，涉及停车场地形的制作、汽车角色的多种控制方法、方向判断与距离侦测、碰撞检测技术的优化等方面的编程知识。

项目描述

这个项目是以停车训练为主题的游戏。图12-1舞台上展示的是一个小区停车场的场景。现在，刚拿到驾照的你开着一辆红色的小汽车进入小区停车场，停车成为摆在你面前的一个难题。

图12-1 "停车训练"项目效果图

单击按钮运行项目，然后使用键盘方向键控制汽车移动。左、右方向键可以控制汽车向左转或向右转，上、下方向键可以控制汽车前进或后退。你需要小心地避开其他车辆或路障，将红色的小汽车驶入白色方框和箭头标示的停车位。

好了，现在控制权交给你，请操控红色小汽车驶入停车位吧！

 项目路径： 资源包/第12章 停车训练/停车训练.sb3

运行这个项目玩一玩，看看包含哪些元素，思考这个项目是如何制作的。

操控方法： 单击按钮运行程序，按下方向键控制汽车左右转弯、前进或后退。

 技术探索

在制作"停车训练"项目之前，让我们先对其中使用到的一些编程技术进行探索。

探索1：地形的制作

利用图像处理软件（如Photoshop、GIMP等）从一幅小区停车场的背景图中抠出建筑物部分的内容，然后将它单独保存为"建筑物.png"图片文件，如图12-2所示。

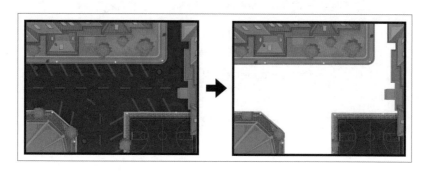

图12-2　从停车场图片中抠出建筑物

在创作"停车训练"项目时，先将小区停车场图片导入到Scratch项目中作为舞台背景，然后将建筑物图片导入为一个名为"建筑物"的角色。这样就可以将两个图片完美地重叠在一起，得到一个用于停车训练的地形图。由于建筑物角色的中间部分是透明的，所以可以方便地通过编程来限制小汽车在透明区域中活动。

在创作Scratch项目时，可以利用上述方法制作出任意形状的地形图，但这需要用户熟练掌握抠图技术。推荐使用开源的图像处理软件GIMP对地形图进行所需的处理，用户可到其官方网站（www.gimp.org）对应用程序进行下载。

探索 2：汽车的操控

在"停车训练"项目中，玩家需要有一辆具有前进、后退、转弯、刹车、限速等功能的汽车。玩家在操控汽车运动时，可以使用键盘上的方向键或者W、S、A、D四键，以及空格键控制汽车，如图12-3所示。

图12-3　操控汽车的按键

各个按键的具体分配为：向上键或W键控制汽车前进，向下键或S键控制汽车后退，向左键或A键控制汽车向左转弯，向右键或D键控制汽车向右转弯，空格键控制汽车刹车。

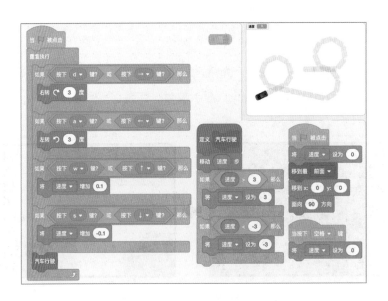

图12-4　玩家操控汽车行驶

图12-4中的程序实现了玩家用键盘操控汽车行驶的功能。汽车在转弯时，每次向左或向旋转3度；汽车在前进或后退时，速度每次增加或减少0.1个单位；汽车的前进或后退速度被限制为速度最大3个单位；当按下空格键时，将速度设为0，让汽车立即停止。这样玩家就可以用键盘灵活地操控汽车，让汽车在舞台上自由行驶。

探索3：停车入位

新建一个名为"停车位"的空角色，然后利用绘图编辑器绘制一个停车位的造型。该造型由一个矩形框表示停车位，并画一个箭头表示停车位的方向。角色绘制完成后，将其放在舞台右上方（174，115）位置，并通过角色信息面板将角色方向调整为45度。

接下来，在前面的程序中继续编写检测停车入位的代码。切换到玩家汽车角色的代码区，编写图12-5所示的代码。这个程序使用侦测模块中的"到…的距离"积木计算汽车角色到停车位角色的距离，如果该距离小于6，则表示汽车已经进入停车位。同时，还编写了判断汽车角色方向的代码。如果汽车角色的方向在40到50度之间，则表示汽车角色的方向与预设的停车位方向一致。

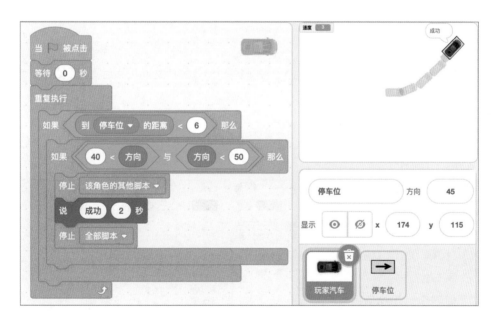

图12-5　停车入位

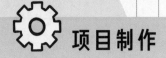 **项目制作**

前面的"技术探索"实现了一个"停车训练"项目的原型。虽然这个原型比较简单，但是能够体现"停车训练"项目的基本功能。在实际的软件系统开发中，通常会创建一个简单的原型系统，用于进行需求分析、技术验证、功能演示等。原型系统并不要求完整，可以只针对某个局部问题建立专门的原型。

经过前面的技术探索，现在开始制作"停车训练"项目。

新建项目

启动Scratch软件，删除新项目中默认创建的小猫角色，然后将新项目以"停车训练.sb3"的文件名保存到本地磁盘上。

 项目素材路径： 资源包/第12章 停车训练/素材

添加背景

从本地磁盘上的素材文件夹中选择"小区停车场.png"图片文件，然后上传到Scratch项目中作为舞台的背景。

添加角色

从本地磁盘上的素材文件夹中选择"玩家汽车.png""小黑车.png""小紫车.png""小绿车.png""障碍.png""建筑物.png""停车位.png"7个图片文件上传到Scratch项目中作为角色。上传文件后，可以在角色列表中看到图12-6的角色。

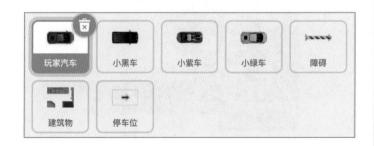

图12-6 "停车训练"项目的角色列表

编写代码

准备好舞台的背景和角色的造型之后，就可以为角色编写代码了。

在"停车训练"项目中，小黑车、小紫车、小绿车等6个角色都是辅助角色。这些辅助角色的代码都比较简单，主要用于设定角色的位置和方向，如图12-7所示。

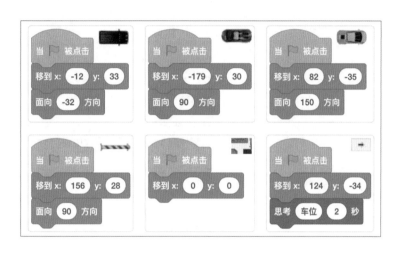

图12-7　辅助角色的代码

这个项目的核心角色是"玩家汽车"角色，下面为该角色编写代码。

1. 编写玩家汽车角色的初始化代码

首先创建两个名字分别为"状态"和"速度"的变量，然后在 ▶ 事件积木之下编写玩家汽车角色的初始化代码，如图12-8所示。

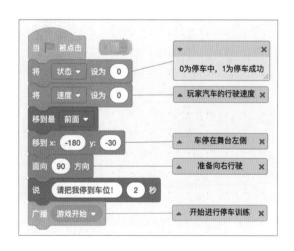

图12-8　玩家汽车角色的初始化

2. 编写操控汽车运动的代码

在"停车训练"项目中，玩家操控汽车在舞台上的小区停车场中行驶，在前进、后退、转弯等情况下，都可能会碰到建筑物、汽车和障碍等角色。使用侦测模块中的"碰到…？"积木可以检测是否碰到某个角色。然后，根据碰撞检测的结果，编写相应的处理代码。

本章的"探索2"已经对汽车的操控做过一些技术探索，这里对玩家汽车的操控方式与前面的介绍相同，但在实现上更为细致。图12-9展示了汽车操控模块的功能结构图。在这个项目中，我们将汽车操控功能划分为汽车操控、汽车转弯、汽车行驶、汽车限速、汽车碰撞检测、汽车刹车6个模块。

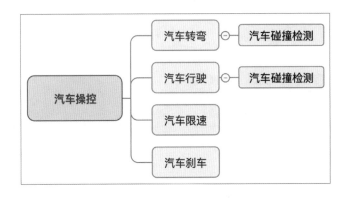

图12-9　汽车操控的功能结构图

图12-10是"汽车碰撞检测"模块的代码。首先创建一个名为"汽车碰到目标"的变量和一个名为"汽车碰撞检测"的自制积木，然后编写该模块的代码。

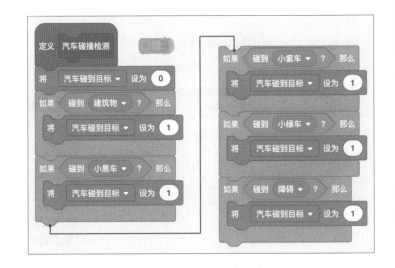

图12-10　"汽车碰撞检测"模块

在该模块中，使用"碰到…?"积木依次对建筑物、小黑车、小紫车、小绿车和障碍5个角色进行碰撞检测，并将检测结果存放在"汽车碰到目标"变量中。该变量的初始值设为0，如果碰到目标，则将该值设为1，其他模块可以根据该变量的值进行相应的处理。

图12-11是"汽车行驶"模块的代码。首先创建一个名为"汽车行驶"的自制积木（参数为"步数"），然后编写该模块的代码。

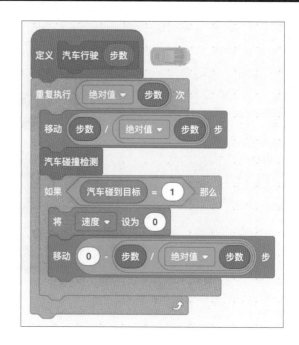

图12-11 "汽车行驶"模块

该模块调用"汽车碰撞检测"积木检测玩家汽车在行驶时是否碰到目标角色，然后根据"汽车碰到目标"变量的值决定前进或后退。汽车在舞台中行驶时，如果在前进n步时碰到目标，则先刹车（将"速度"变量设为0）再后退n步以避开目标；如果在后退n步时碰到目标，则先刹车再前进n步以避开目标。简单地说就是，玩家汽车在行驶时碰到目标，就向相反的方向移动，以脱离接触目标。

图12-12是"汽车转弯"模块的代码。首先创建一个名为"汽车转弯"的自制积木（参数为"角度"），然后编写该模块的代码。

该模块调用"汽车碰撞检测"积木检测玩家汽车在转弯时是否碰到目标角色，然后根据"汽车碰到目标"变量的值决定向左转或向右转。汽车在舞台中转弯时，如果在向左转n度时碰到目标，则先刹车（将"速度"变量设为0）再向右转n度以避开目标；如果在向右转n度时碰到目标，则先刹车再向左转n步以避开目标。简单地说，就是玩家汽车在转弯时碰到目标，则向相反的方向旋转，以脱离接触目标。

图12-13是"汽车限速"模块的代码。首先创建一个名为"汽车限速"的自制积木（参数为"速度"），然后编写该模块的代码。在该模块中，将汽车的行驶速度限制为前进或后退都不能超过3个单位。

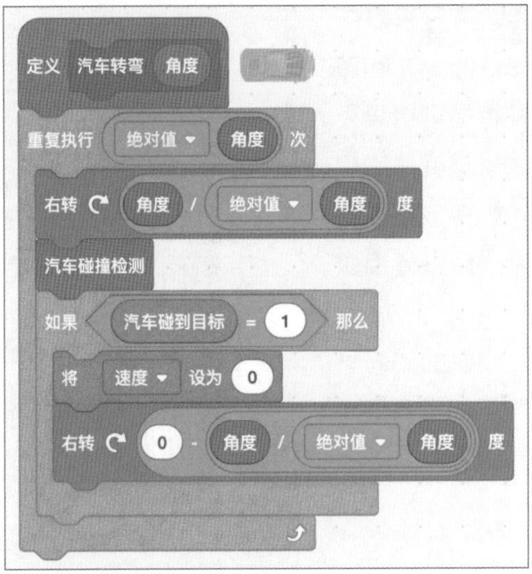

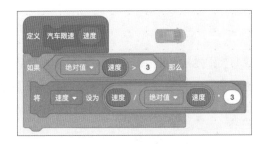

图12-12 "汽车转弯"模块

图12-13 "汽车限速"模块

图12-14是"汽车刹车"模块的代码。这个模块使用按键事件积木编写。当玩家按下空格键时，将"速度"变量值设为0，使玩家汽车角色立即停止移动。

图12-14 "汽车刹车"模块

图12-15是"汽车操控"主模块的代码。在游戏开始后，主模块就进入控制玩家汽车运动的循环，直到变量"状态"的值为1，即玩家把汽车停入车位后就不能再操控汽车运动。在主模块中，使用"汽车转弯…"积木控制玩家汽车转弯，该积木的参数可以取正数或负数。当取正数时，就让

玩家汽车向右转；当取负数时，就让玩家汽车向左转。另外，还使用了"汽车限速…"积木和"汽车行驶…"积木对玩家汽车的行驶状态进行控制。

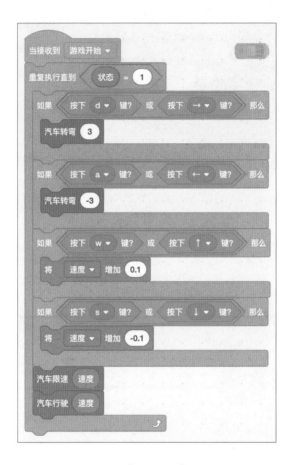

图12-15 "汽车操控"主模块

3. 编写判断停车入位的代码

本章"探索3"已经对判断停车入位的方法进行过探索，本项目使用的判断停车是否成功的方法与前面介绍的一样。

游戏开始后，进入判断玩家汽车是否停车成功的循环，直到变量"状态"的值为1。当玩家汽车角色与停车位角色的距离小于6个单位，并且玩家汽车的方向处于145度和155度之间时，将变量"状态"的值设为1，然后提示停车成功。当停车成功之后，使用"停止（全部脚本）"积木让整个项目程序停止运行，如图12-16所示。

图12-16 判断停车入位的代码

运行程序

单击 ⚑ 按钮运行项目，观看自己的创作成果吧！也可以分享给小伙伴一起玩哦！

知识扩展

优化碰撞检测

编写项目代码，不仅要将预期的功能实现，还要编写出精练的代码，这样更易于阅读和维护。下面将结合"停车训练"项目，介绍几种碰撞检测的方法以及代码优化的技巧。

1. 使用"如果…那么"积木

在"停车训练"项目中，需要对建筑物、小黑车、小紫车等多个角色进行碰撞检测。图12-17的代码在检测时依次使用"如果…那么"积木和"碰到…"积木判断玩家汽车是否碰到目标角色。这种碰撞检测方法的代码比较简单，适合要检测的目标角色数量较少的场合。当要检测的目标角色的数量比较多的时候，就会使代码堆砌得很长。

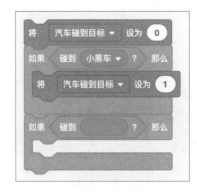

图12-17　使用"如果…那么"积木进行碰撞检测

2. 使用逻辑或积木

通过使用多个嵌套的逻辑或积木，可以将对多个目标角色的碰撞检测代码放在一起。这种碰撞检测方法的代码比较简单，但是由于Scratch的积木不能折行显示，当要检测的目标角色比较多时，就会使代码的宽度显得很宽，如图12-18所示。

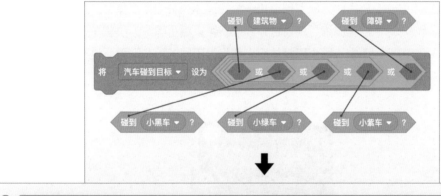

图12-18　使用逻辑或积木进行碰撞检测

3. 使用列表积木

图12-19的代码把目标角色的名字存放在列表中，然后对列表元素进行遍历，依次读取目标角色的名字进行碰撞检测。使用这种碰撞检测方法，就算有再多的目标角色也不怕麻烦，只需要把目

标角色的名字添加到列表中即可。

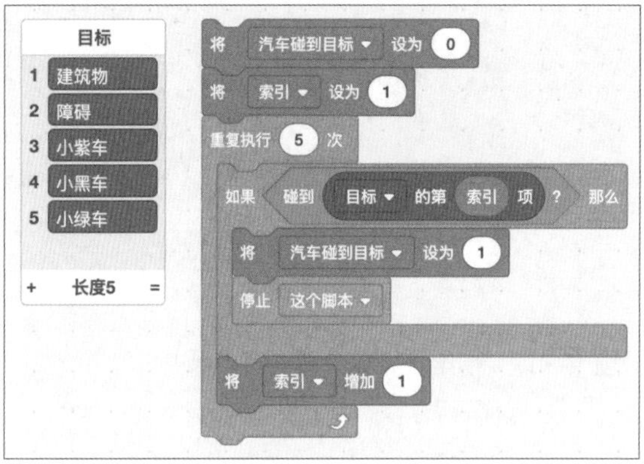

图12-19　使用列表积木进行碰撞检测

4. 使用克隆技术

我们将在第13章中介绍Scratch中的克隆技术。Scratch可以把同一类角色合并到一个角色中，然后使用克隆技术以一个角色作为原型创造出多个克隆体，每个克隆体可以有自己的外观和行为。例如，使用克隆技术对"停车训练"项目进行修改，可以将小黑车、小紫车、小绿车等角色的造型都放在一个"小汽车"角色中，每个克隆体可以切换为不同的汽车造型。这样一来，碰撞检测的方法将变得非常简单，如图12-20所示。

图12-20　使用克隆技术进行碰撞检测

本书资源包中有一个利用克隆技术实现的"停车训练"项目，可以打开该项目查看克隆体的碰撞检测方法。在第13章中，我们将具体讲解Scratch的克隆技术。

 项目路径： 资源包/第12章 停车训练/知识扩展/停车训练–克隆版.sb3

Note

—— 读书笔记 ——

Note 1　　Date＿＿＿＿＿＿＿

○

○

○

○

○

○

Note 2　　Date＿＿＿＿＿＿＿

○

○

○

○

○

○

Note 3　　Date＿＿＿＿＿＿＿

○

○

○

○

○

○

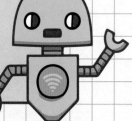

第13章 导弹防御战

　　舞台是一个神奇的虚拟世界，蕴藏着万物生长的力量，其间的每一个角色都可以作为母体，衍生出无穷无尽的新角色。在你创作的作品中，可以将某个角色作为母体，然后使用克隆技术批量生成各式各样的克隆体。根据剧情的需要，可以在天空中创造出无数架喷射烈焰的隐形战机，在海底埋藏取之不尽的宝石，在城市街道上制造款式各异的汽车，在防空战斗中发射不计其数的炮弹等。

　　本章以"导弹防御战"项目为核心，讲解利用克隆技术制作游戏的方法。本项目综合运用前面所学的内容，涉及角色的克隆、角色的组合、火焰特效、血条绘制等方面的编程知识。

⚙ 项目描述

　　这个项目是以导弹防御战为主题的游戏。图13-1舞台上展示的是一个海边战场的场景。根据卫星情报，发现有100架敌机贴着海面低空来袭。现在，你是一名导弹操作员，面对侵犯我领空的敌机，你的任务是将它们全部击落。

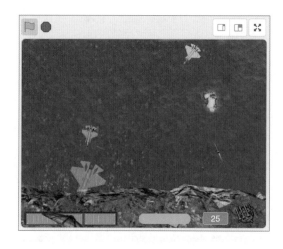

图13-1 "导弹防御战"项目效果图

单击 按钮运行项目，然后使用鼠标控制导弹的发射。发射架上有8枚导弹，移动鼠标指针时发射架随之转动，当单击鼠标左键时会面向鼠标所在位置发射一枚导弹。导弹带着烈焰呼啸着冲向来犯的敌机，命中敌机后会发出巨大的爆炸声。如果敌机突破防线，玩家的生命值将会减少。当生命值为零时，游戏失败。如果战斗结束时生命值大于零，则游戏胜利。

听！雷达警报响起，战斗已经开始，请发射导弹击落来犯的敌机吧！

 项目路径：资源包/第13章 导弹防御战/导弹防御战[完成版].sb3

运行这个项目玩一玩，看看包含哪些元素，思考这个项目是如何制作的。

操控方法：单击 按钮运行程序，单击鼠标左键发射导弹击毁敌机。

技术探索

在制作"导弹防御战"项目之前，让我们先对其中使用到的一些编程技术进行探索。

 项目素材路径：资源包/第13章 导弹防御战/素材

探索1：制作导弹装备

在"导弹防御战"项目中，导弹装备由发射台角色和发射架角色组合而成。在进行游戏时，发射台固定不动，发射架会跟随鼠标指针转动。

1. 添加发射台角色和发射架角色

新建一个Scratch项目，然后从本地磁盘上的素材文件夹中选择"发射台.png"和"发射架.png"图片文件，然后上传到Scratch项目中。文件上传后，可在角色列表中看到图13-2的两个角色缩略图。

图13-2　发射台和发射架角色缩略图

2. 设定发射架角色的造型中心

切换到发射架角色的造型编辑区，单击"转换为矢量图"按钮，将发射架造型转换为矢量图。然后，在绘图编辑器中按照图13-3的位置设定发射架的造型中心。

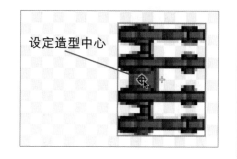

图13-3　设定发射架角色的造型中心

3. 编写发射架转动的代码

切换到发射架角色的代码编辑区，编写代码让发射架与发射台组合在一起，并让发射架跟随鼠标指针转动，如图13-4所示。

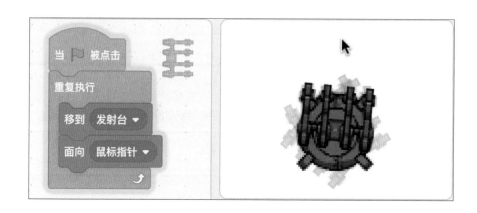

图13-4　发射架转动的代码

4. 制作装载导弹的发射架造型

切换到发射架角色的造型编辑区，然后从本章素材文件夹中选择"导弹.png"图片文件上传到发射架角色的造型列表中，如图13-5所示。

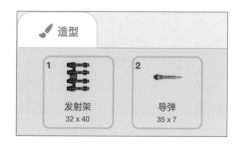

图13-5　添加导弹造型

接下来，制作带导弹的发射架造型，步骤如下。

（1）在造型列表中选中导弹造型，然后在绘图编辑器中单击"转换为矢量图"按钮，将导弹图片转换为矢量图。接着，单击"复制"按钮对导弹图片进行复制操作。

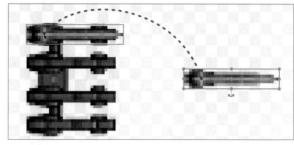

（2）在造型列表中选中发射架造型，然后单击绘图编辑器中的"粘贴"按钮，把上一步中复制的导弹图片粘贴到画布中。接着，把导弹图片拖动到发射架图片上，如图13-6所示。

图13-6　将导弹拖动到发射架上

（3）重复进行第二步的操作，就可以制作出一个安放有8枚导弹的发射架造型。

（4）将发射架造型的名字修改为"导弹-1"，然后在造型列表中使用右键菜单中的"复制"命令将该造型复制生成8个新造型。这些新造型的名字都以"导弹-"为前缀，后面带有一个数字，该数字将与发射架上安装的导弹数量对应。

（5）在造型列表中选中"导弹-9"造型，将它的名字修改为"导弹-0"。

（6）根据造型名字中的数字，删除各个发射架造型中多余的导弹。例如，"导弹-0"造型中的导弹全部删除，"导弹-1"造型中的导弹只保留1个，依此类推。

发射架角色具有9个不同的发射架造型，这些造型名字中的数字代表发射架上装载的导弹数量，如图13-7所示。在进行游戏时，根据玩家当前可用的导弹数量切换到相应的发射架造型即可。

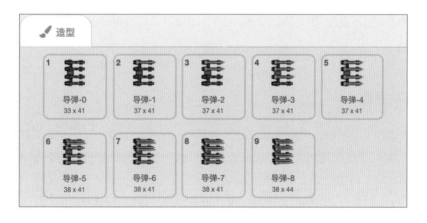

图13-7　发射架角色的造型列表

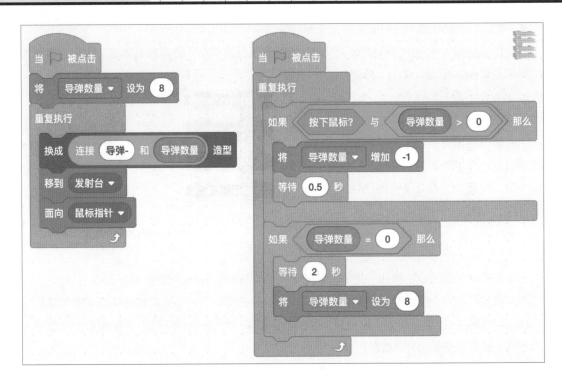

图13-8　发射架角色的代码

5. 编写发射架角色的代码

创建一个名为"导弹数量"的变量，然后切换到发射架角色的代码区，按照图13-8修改发射架角色的代码。开始时，在发射架上装载有8枚导弹，每单击一次鼠标左键就会发射一枚导弹，发射架的造型随着导弹数量的变化而改变。当8枚导弹全部用完之后，等待2秒，然后重新在发射架上装载8枚导弹。

探索 2：角色的克隆

在"导弹防御战"项目中，玩家可以发射数量众多的导弹，击落一批又一批的敌机。由于导弹、敌机数量众多，如果通过创建角色的方式来实现，那么导弹和敌机的角色将会填满角色列表区。为这些角色编写代码，将是一件非常麻烦的事情，以至让你想要放弃项目的创作。幸运的是，使用Scratch提供的克隆积木，可以轻而易举地创造大批的导弹、敌机或其他角色。

克隆积木位于控制模块的积木列表中，分别是"克隆…""当作为克隆体启动时"和"删除此克隆体"3个积木，如图13-9所示。

图13-9 克隆积木

使用"克隆…"积木，可以在程序运行时动态地创建角色的副本（即克隆体），每调用一次该积木，就会创建一个克隆体。克隆体以某个角色作为原型来创建，它获得在其创建之时原型角色的所有特征和行为，并且能够在创建之后拥有自己的特征和行为。"克隆…"积木中有一个下拉列表，可以选择要克隆的角色名称。该积木可以在当前角色的代码中使用，也可以在其他角色的代码中使用。

使用"当作为克隆体启动时"积木，可以响应克隆事件，即当一个克隆体被创建之后，该积木就会被触发执行，因而可以在该积木下编写属于克隆体的代码，使得每个克隆体拥有自己的特征和行为。我们可以通过使用多个"当作为克隆体启动时"积木来响应克隆事件，让克隆体能够并行执行多个操作。

使用"删除此克隆体"积木，可以删除当前的克隆体。Scratch规定在一个项目中所有角色能够创建的克隆体的总数量是300个，因此，要及时删除程序中无用的克隆体，做到"用时创建，用完删除"。

继续进行技术探索，接下来使用克隆技术动态地生成导弹，并让导弹从发射架上发射出去。

1. 编写导弹克隆体的代码

从本章素材文件夹中选择"导弹.png"图片文件上传到角色列表中，这样就可以创建一个名为"导弹"的角色。然后，在"导弹"角色的代码区中编写响应克隆事件的代码。

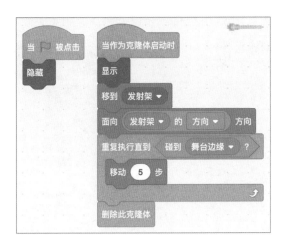

图13-10　导弹克隆体的代码

图13-10的程序中，没有使用导弹角色的本体，只使用了导弹角色的克隆体，因此，将导弹角色的本体隐藏，而让克隆体显示，在"当作为克隆体启动时"积木下编写响应克隆事件的代码。当导弹的克隆体被创建后，先将其移到发射架角色所在位置，然后让导弹克隆体沿着发射架角色的方向移动，直到碰到舞台边缘后停止，并将该克隆体删除。

2. 编写发射导弹的代码

切换到发射架角色的代码区，加入发射导弹的代码。在图13-11所示红框位置加入一个"克隆（导弹）"积木，使发射架具备发射导弹的功能。当玩家在舞台上单击鼠标左键时，就可以看到一枚导弹从发射架上飞出去，同时发射架上的导弹减少一枚，发射架的造型随之变换。

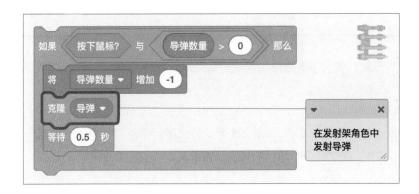

图13-11　修改发射架角色的代码

探索3：制作火焰特效

在"导弹防御战"项目中，让导弹带着烈焰从发射架上飞出去、让敌机喷射着尾焰来袭，可使游戏增色生辉。使用Scratch提供的画笔模块，可以给移动中的导弹或敌机等角色（克隆体）画出一个尾焰。

1. 用画笔画出导弹轨迹

切换到导弹角色的造型编辑区，将造型中心设在导弹的尾部，如图13-12所示。

切换到导弹角色的代码区，编写代码将导弹角色的画笔颜色设为黄色、画笔粗细设为2个单位、画笔状态设为落笔，如图13-13所示。这样修改之后再发射导弹，就能看到导弹在舞台上画出一条黄色的线。但很显然，这与导弹尾焰相去甚远。

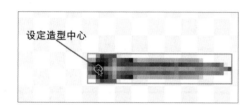

图13-12　将造型中心设在导弹的尾部

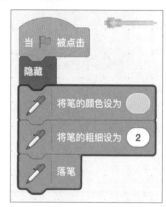

图13-13　设定导弹角色的画笔

2. 用图章擦除导弹轨迹

切换到舞台的背景编辑区，然后单击"转换为位图"按钮，将绘图编辑器切换到位图模式，接着使用"填充"工具将画布填充为黑色。

切换到舞台的代码区，然后编写擦除导弹轨迹的代码，如图13-14所示。在这个程序中，使用外观模块中的"将（虚像）特效设定为50"积木将背景的透明度设为50%。然后，使用画笔模块中的"图章"积木不停地将黑色背景复印到舞台上，达到擦除导弹轨迹的目的。由于擦除的速度稍慢于画出轨迹的速度，因此就能在舞台上看到导弹产生尾焰的效果，这是产生尾焰特效的关键点，如图13-15所示。

 注意：当切换到舞台的代码区后，如果在界面左侧的"画笔"模块的积木列表中找不到"图章"积木，那么可以先切换到某个角色的代码区，然后将"图章"积木拖到角色列表区右侧的舞台背景缩略图上，就可以将该积木添加到舞台的代码区中。

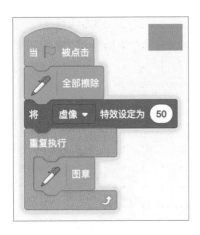

图13-14　擦除导弹轨迹的代码

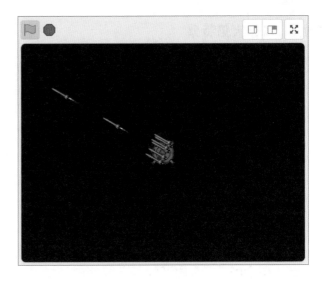

图13-15　导弹尾焰特效

利用上述方法，还可以给移动的战机增加尾焰，或者制作出美丽的烟花特效。

在图13-14的程序中，修改"将（虚像）特效设定为…"积木中的数值，然后观察导弹尾焰的长度与该数值的关系。

探索4：绘制圆头血条

在"导弹防御战"项目中，玩家初始时的生命值为100，当敌机突破防线时，就会扣减玩家的生命值。在舞台的底部，根据玩家的生命值显示有一个颜色条（俗称"血条"），用于让玩家在游戏过程中随时观察生命值的变化情况。

圆头血条的绘制方法是：在一个循环结构中，使用"全部擦除"积木将舞台上绘制的内容清除，然后根据"生命值"变量的数值画出指定长度的粗线条。当"生命值"变量的数值发生变化时，血条的长度也随之变化。图13-16是一个绘制圆头血条的演示程序，拖动舞台上的"生命值"变量显示器的滑块，可以看到血条的长度随之变化。

图13-16　绘制圆头血条

Scratch中的画笔形状是一个圆点，当把画笔的粗细设为20个单位时，画笔的圆头形状就非常明显。也可以将画笔的粗细设为1个单位，然后绘制由若干条细线构成的矩形血条。这种矩形血条将在第14章的"高炮防空战"项目中用到。

⚙ 项目制作

经过前面的技术探索，现在开始制作"导弹防御战"项目。图13-17是"导弹防御战"项目的功能结构图，描述了该项目使用的各个角色及其主要功能，我们可以据此进行项目的制作。

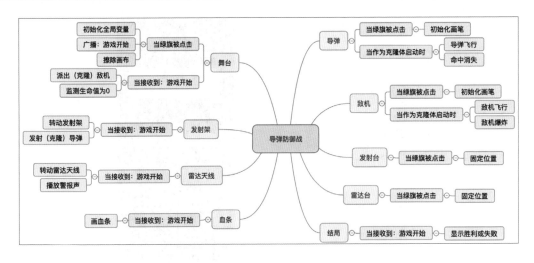

图13-17 "导弹防御战"项目的功能结构图

新建项目

启动Scratch软件，删除新项目中默认创建的小猫角色，然后将新项目以"导弹防御战.sb3"的文件名保存到本地磁盘上。

 项目素材路径： 资源包/第13章 导弹防御战/素材

添加背景

从本地磁盘上的素材文件夹中选择"海边场景.png"图片文件，然后上传到本项目中作为舞台的背景。

添加角色

1. 制作导弹装备

参照本章"探索1"的内容制作导弹装备，完成"发射架"角色和"发射台"角色的创建。其中，发射架角色有图13-7的9个造型。

可以将"探索1"中的创建的发射架角色导出为"发射架.sprite3"角色文件，再导入到本项目中使用；或者从本章素材文件夹中选择发射架角色文件并导入到角色列表中。

2. 添加"导弹"角色

从本章素材文件夹中选择"导弹.png"图片文件上传到角色列表区中，然后设置造型中心在导弹的尾部。可参照本章"探索2"的内容完成导弹角色的创建，也可以从本章素材文件夹中导入导弹角色文件"导弹.sprite3"。

切换到导弹角色的声音编辑区，然后从本章素材文件夹中选择"导弹发射音效.wav"声音文件上传到声音列表中。

3. 添加"敌机"角色

在角色列表中新建一个名为"敌机"的角色，然后从本章素材文件夹中将爆炸.svg、f22.svg、f35b.svg和f35c.svg四个矢量图片文件导入到敌机角色的造型列表中，如图13-18所示。也可以从素材文件夹中将角色文件"敌机.sprite3"导入到角色列表区中使用。

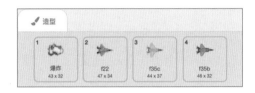

图13-18　敌机角色的造型列表

切换到敌机角色的声音编辑区，从本章素材文件夹中选择"飞机爆炸声.wav"声音文件上传到声音列表中。

4. 添加"雷达天线"角色和"雷达台"角色

从本章素材文件夹中选择"雷达天线.png"和"雷达台.png"图片文件上传到角色列表区中，以创建"雷达天线"角色和"雷达台"角色。

切换到雷达天线角色的声音编辑区，从本章素材文件夹中选择"雷达警报音效.mp3"声音文件上传到声音列表中。

5. 添加"结局"角色

在角色列表中新建一个名为"结局"的角色，然后利用绘图编辑器中的"文本"工具分别添加内容为"游戏胜利"和"游戏失败"的两个造型，它们的大小都是200×70。

也可以从本章素材文件夹中将角色文件"结局.sprite3"导入到角色列表区中使用。

6. 新建"血条"角色

在角色列表区中新建一个名为"血条"的空角色，不需要制作造型。

经过以上工作，就准备好了"导弹防御战"项目需要的角色和背景，如图13-19所示。

图13-19 "导弹防御战"项目的角色列表

也可以从本章资源包中找到并打开"导弹防御战[模板].sb3"项目文件，并在该项目文件的基础上编写代码。

 项目素材路径： 资源包/第13章 导弹防御战/导弹防御战[模板].sb3

编写代码

准备好舞台的背景和角色的造型之后，就可以为角色编写代码了。

1. 编写舞台的代码

切换到舞台的代码区编写代码，实现游戏初始化、派出敌机向玩家进攻、监测玩家的生命值、擦除舞台内容等功能。

在"导弹防御战"项目中，需要创建"敌机数量""导弹数量""得分""生命值""游戏状态"5个全局变量。其中，变量"游戏状态"被设计为可取3个值，1表示游戏进行中、2表示敌机进攻结束、3表示玩家战败。

图13-20是游戏初始化的代码。先对全局变量赋予初始值，然后广播一个名为"游戏开始"的消息，以启动游戏。

图13-21是派出敌机向玩家进攻的代码。在一个循环结构中，以3秒为间隔不断地克隆"敌机"角色，以向玩家发起不间断的攻击。如果玩家的生命值为0，则提前结束进攻，退出循环。当进攻结束时，游戏也随之结束。

图13-22是监测玩家生命值的代码。玩家的生命值有可能出现负数，这里对其进行约束，使其最小值为0。当变量"生命值"小于1时，则修改变量"游戏状态"的值为3，以结束整个游戏。

图13-23是擦除舞台内容的代码。在游戏中需要给导弹、敌机添加尾焰特效、爆炸特效，因此需要不断擦除舞台上绘制的内容。请阅读本章"探索3"的内容，了解制作火焰特效的方法。

图13-20　游戏初始化

图13-21　派出敌机攻击玩家

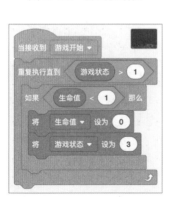

图13-22　监测玩家生命值

图13-23　擦除舞台内容

2. 编写"雷达天线"角色的代码

切换到雷达天线角色的代码区编写代码。图13-24的代码可以让雷达天线与雷达台组合在一起，并不停转动。图13-25的代码以30秒为间隔重复地播放"雷达警报音效"。在游戏时，刺耳的警报声时不时划破长空，可以让玩家感受到战斗的紧张。

图13-24　将雷达天线移动雷达台　　图13-25　播放雷达警报音效

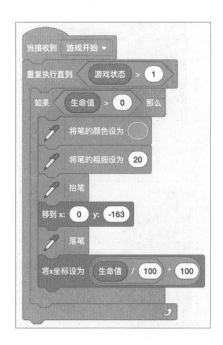

图13-26　绘制血条

图13-27　显示胜利或失败

3. 编写"血条"角色的代码

切换到血条角色的代码区，编写图13-26的代码。根据玩家的生命值，在舞台底部实时绘制一个绿色的血条，以反映玩家的生命值变化情况。请阅读本章"探索4"的内容，以了解血条的绘制方法。

4. 编写"结局"角色的代码

切换到结局角色的代码区，编写图13-27的代码。当变量"游戏状态"的值大于1时，则表示敌机进攻结束或者玩家战败，这时根据玩家的生命值显示胜利或失败的提示。

5. 编写"发射架"角色的代码

切换到发射架角色的代码区，编写图13-28的代码。

在"导弹防御战"项目中，导弹的发射架固定在发射台上，发射架上可以装载8枚导弹。发射架和发射台一起放置在舞台底部的右侧，发射架可跟随鼠标指针转动，转动的角度限制为从0到-80度。

在游戏的设计上，发射架角色使用9个不同的造型反映导弹数量的变化。当变量"导弹数量"的值变化时，就切换为具有对应导弹数量的发射架造型。玩家单击鼠标左键发射导弹，每次可以发射1枚导弹，8枚导弹用完之后需要等待2秒以进行装弹。

请阅读本章"探索1"的内容，以了解本项目的导弹装备的设计与制作方法。

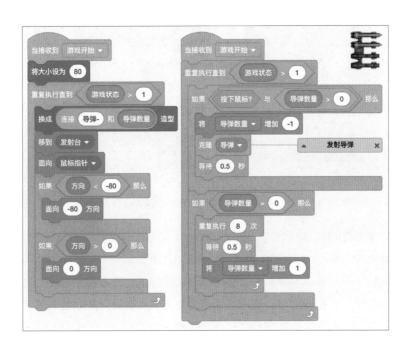

图13-28　发射架角色的代码

6. 编写"导弹"角色的代码

切换到导弹角色的代码区，编写图13-29的代码。

当玩家按下鼠标键后，在发射架角色中调用"克隆（导弹）"积木创建导弹角色的克隆体；在导弹角色中，使用"当作为克隆体启动时"积木响应克隆事件。当一个导弹的克隆体被创建之后，先将其移到发射架角色所在位置，并沿着发射架的方向移动，直到碰到舞台边缘时，将该克隆体删除。导弹克隆体在移动过程中，如果碰到敌机（克隆体），则等待0.05秒后再删除该克隆体。这个0.05秒的等待时间，是为了让敌机（克隆体）有时间进行碰撞检测。

在"导弹初始化"自制积木中，对导弹角色的画笔的颜色、粗细、落笔状态等进行设置，以使导弹尾部产生火焰特效。另外，为了让游戏有更好的体验，在发射导弹时播放"导弹发射音效"，可以感受导弹正呼啸着飞向敌机。

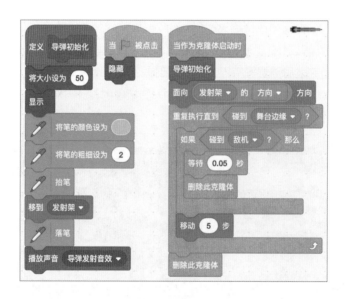

图13-29　导弹角色的代码

7. 编写"敌机"角色的代码

切换到敌机角色的代码区，编写图13-30到图13-32的代码。

在"导弹防御战"项目中，一架又一架喷射着烈焰的敌机出现在舞台顶部，向着舞台底部的雷达或导弹发射架发起进攻。在编程时，使用"当作为克隆体启动时"积木响应克隆敌机的事件，使用"战机初始化"自制积木对敌机进行初始化，然后用一个循环结构控制敌机向舞台底部移动，并在这个过程中绘制战机尾焰、战机爆炸、战机消失等特效，如图13-30所示。

在"战机初始化"自制积木中，设定敌机角色的画笔颜色和粗细，使用"移到（随机位置）"积木和"将y坐标设为180"积木，将敌机随机放置在舞台顶部；使用"换成…造型"积木随机切换敌机造型（从3种不同的战斗机造型中任意选择），如图13-31所示。

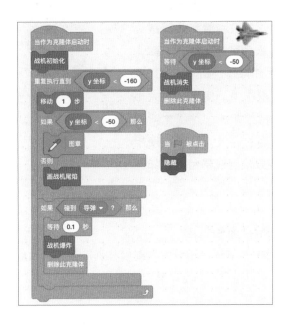

图13-30　敌机角色的代码（1）

敌机在移动时，使用"画战机尾焰"自制积木画出一条黄色的轨迹，可使敌机尾部产生火焰特效，如图13-32所示。请阅读本章"探索3"的内容，以了解导弹尾焰的制作方法。

当敌机被导弹击中时，瞬间就会爆炸，化成一团巨大的火焰，然后逐渐消失。图13-31的在"战机爆炸"自制积木中，将敌机切换为爆炸造型，然后使用"将大小增加…"积木、"将虚像特效增加…"积木和"将像素化特效增加…"积木组合产生特效，并用"图章"积木将爆炸特效绘制在舞台

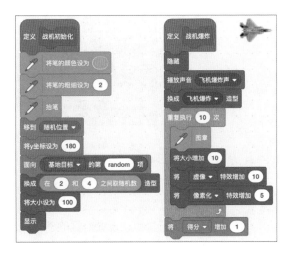

图13-31　敌机角色的代码（2）

上。另外，敌机爆炸时还播放了"飞机爆炸声"音效，使玩家获得更好的临场体验。

当敌机突破防线接近舞台底部时，使其慢慢变大，并逐渐消失。在另一个"当作为克隆体启动时"积木下，使用"等待…"积木检测如果敌机克隆体的y坐标小于-50（视为突破防线），就调用"战机消失"自制积木生成特效，如图13-30所示。在"战机消失"自制积木中，使用"将大小增加…"积木和"将虚像特效增加…"积木实现让敌机角色逐渐变大和透明的特效。同时，使用"图章"积木将战机消失特效绘制在舞台上，如图13-32所示。

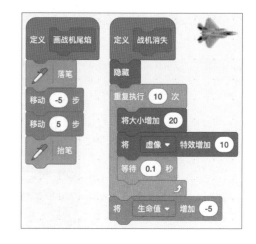

图13-32　敌机角色的代码（3）

8. 固定"雷达台"和"发射台"角色的位置

在"导弹防御战"项目中，雷达台和导弹发射台分别放置在舞台底部的左侧和右侧。通过图13-33和图13-34的代码，可以将它们固定在某个位置上。

图13-33　固定雷达台的位置　　　图13-34　固定发射台的位置

运行程序

单击 🏴 按钮运行项目，观看自己的创作成果吧！也可以分享给小伙伴一起玩哦！

面向对象编程模式

作为一种积木式的图形化编程语言，Scratch支持简单的面向对象编程特性，使人们能够运用人类认识事物所采用的思维方法进行编程。Scratch并非完整的面向对象编程语言，它只支持面向对象的两个特性：封装和继承。从面向对象编程的角度出发，结合Scratch语言自身的特点，在Scratch中能够利用角色和克隆体进行编程。

1. 利用角色进行编程

在使用Scratch创作项目时，可以使用角色（Sprite）模拟现实世界中的事物（对象），为角色设计各种外观、声音和行为等，并控制角色在舞台（Stage）这个虚拟世界中活动。在各个角色之间，可以通过广播和接收消息的方式进行通信，以达到协作的目的。

根据项目需求，识别出其中涉及的对象（事物、东西），为每个对象建立一个角色，然后将与之相关的造型、声音和代码（脚本、程序）等放置在一个角色中进行管理，这可看作是"封装"。例如，在第8章的"射击训练"项目中，使用狙击枪、准星、子弹、人形靶这四个角色来构建项目，每个角色负责实现其独立的功能。

在利用角色进行编程时，一个角色就是一个对象。如果项目中需要的是一类对象，那么就需要创建多个角色。例如，在创作一个"大鱼吃小鱼"游戏项目时，小鱼不只是一个对象，可能是小红鱼、小黄鱼、小蓝鱼等多种颜色的小鱼。那么，就需要分别创建小红鱼角色、小黄鱼角色、小蓝鱼角色等。由于这些角色属于同一类对象，在编程时通常先创建一个角色，然后在角色列表中利用右键菜单中的"复制"命令生成多个角色。

当角色数量不多的时候，这种"复制"角色的方式还可以接受。但是，当这类角色的数量变多，对代码的修改将会变得非常麻烦。为了解决这个问题，可以使用"克隆"技术。

2. 利用克隆体进行编程

在有的Scratch项目中，需要面对的不是一个对象，而是一类对象，这就需要创建较多数量的角色。使用Scratch的克隆积木，可以方便地为同一类对象创建多个克隆体（角色的副本）。例如，在第13章的"导弹防御战"项目中，敌机是一类对象，在程序运行后，会有100架敌机不断地向玩家发起攻击。在制作项目时，可以将敌机作为一个角色，并为该角色添加不同的飞机造型，然后基于该角色在程序运行时创建多个敌机角色的克隆体，每个克隆体可以使用不同的飞机造型。

在利用克隆体进行编程时，可以在"当▆被点击"积木下编写代码对原型角色进行初始化，然后生成的克隆体能够保持原型角色的外观、位置等所有状态和私有数据，这可看作是"继承"。也可以创建全新的克隆体，即不在"当▆被点击"积木下编写代码修改原型角色的状态，而是将对克隆体的初始化操作放在"当作为克隆体启动时"积木下。

克隆体只在程序运行时存在，程序结束时就会全部被销毁。

3. 克隆体的私有数据

在角色中能够创建"仅适用于当前角色"的变量或列表，从而使每个角色拥有自己的数据。当克隆体被创建时，角色的私有数据会被克隆体继承，从而使每个克隆体能拥有自己的数据。例如，在第14章的"高炮防空战"项目中，给轰炸机角色创建一个"仅适用于当前角色"的变量"投弹位置"，并在"当作为克隆体启动时"积木下设定该变量的值为一个随机的x坐标，这样就使得每个轰炸机角色的克隆体拥有了自己的投弹位置。

4. 避免克隆体出现指数爆炸现象

由于克隆体能够继承原型角色的代码，因而在角色中编写事件响应代码时要注意避免克隆体出现"指数爆炸"现象。

在小猫角色中，把创建克隆体的积木"克隆（自己）"放在响应空格按键的积木下。当按下空格键时，就会创建一个新的克隆体。由于每个克隆体都会响应"当按下 [空格] 键"积木，并执行"克隆（自己）"积木，因而只要按下几次空格键，就会让小猫角色的克隆体布满舞台，如图13-35所示。

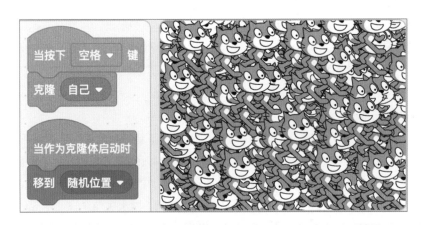

图13-35　克隆体出现指数爆炸现象

除了"当按下…键"积木，在角色中使用"当接收到…""当背景换成…""当响度>…"等积木时也要注意可能导致克隆体出现"指数爆炸"的现象。为了避免这种现象的发生，在使用"克隆…"积木时要注意以下几点。

（1）在"当 ▶ 被点击"积木下调用"克隆…"积木创建角色的克隆体是安全的。当单击 ▶ 触发执行"当 ▶ 被点击"积木时，Scratch项目就会被强制重启，已经存在的克隆体会被全部销毁，使得克隆体没有机会响应该积木。

（2）在不使用克隆体的其他角色或舞台中创建指定角色的克隆体。在这种情况下，可以在"当按下…键"等事件积木下调用"克隆…"积木创建指定角色的克隆体，不会使出现"指数爆炸"现象。

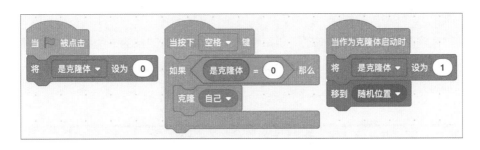

图13-36　区分角色的原型（本体）和克隆体

（3）如果确实需要在当前角色中的"当按下…键"等事件积木下创建克隆体，那么就要区分角色的原型（本体）和克隆体，并且只在角色的原型中响应事件积木及创建克隆体。创建一个"仅适用于当前角色"的变量"是克隆体"，用以区分角色的原型（本体）或者是克隆体，然后在"当按下（空格）键"积木下只让角色的原型（本体）执行"克隆…"积木，从而避免克隆体出现"指数爆炸"的现象。

第14章 高炮防空战

优秀的创意要在作品中落地，需要以技术手段作为支撑。在舞台这个虚拟的世界中，角色的行为总是会受到一些限制或者难以控制。例如，在默认情况下无法将角色移出舞台，角色在广播消息时只能发送一个消息名称而无法携带更多信息，角色的克隆体在生成其他角色的克隆体时难以定位等。

本章以"高炮防空战"项目为核心，讲解突破Scratch自身限制的一些技术方法。本项目综合运用前面所学的内容，涉及角色平滑进出舞台、在指定位置生成克隆体、自由落体运动、抛物线弹道、消息队列等方面的编程知识。

项目描述

这个项目是以高炮防空战为主题的游戏。图14-1舞台上展示的是一个城市战场的场景。游戏设定在战争时期，空军派出不计其数的轰炸机对某地进行疯狂轰炸。现在，你是一名高射炮手，面对前来空袭的敌机，你的任务是击落敌机、保卫城市。

图14-1 "高炮防空战"项目效果图

单击按钮运行项目，然后使用鼠标控制高射炮射击。高射炮每次装填15枚炮弹，可以在15°到90°之间转动炮管。当移动鼠标指针时炮管随之转动，当单击鼠标左键时会面向鼠标指针所在位置发射一枚炮弹。炮弹以抛物线向敌机射出，命中敌机后会发出巨大的爆炸声，并增加玩家的得分。如果敌机冲破防线，将会扔下一批炸弹，玩家的生命值将会减少。如果生命值为零，则游戏结束。

听！空袭警报响起，战斗已经开始，请用高射炮击落来犯的敌机吧！

项目路径： 资源包/第14章 高炮防空战/高炮防空战[完成版].sb3

运行这个项目玩一玩，看看包含哪些元素，思考这个项目是如何制作的。

操控方法： 单击按钮运行程序，单击舞台上的战机以向其发射炮弹。

技术探索

在制作"高炮防空战"项目之前，让我们先对其中使用到的一些编程技术进行探索。

探索 1：角色平滑进出舞台

在Scratch中，角色被限制在舞台480×360的区域内活动。换句话说，使用常规方法无法将一个角色完全移到舞台外面，也无法将一个角色从舞台外面慢慢地移入舞台中。如果想要突破这个Scratch的默认限制，则需要一些特殊技巧。

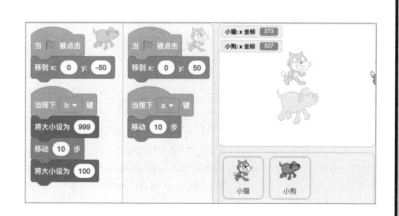

图14-2　角色平滑进出舞台

图14-2所示程序分别展示了使用常规方式和特殊方式控制角色移动。

在小猫角色的代码中，使用常规方式控制小猫移动。连续按下a键，小猫向舞台右边移动，最后无法完全移出舞台，留下一个小尾巴在舞台中。通过舞台上的变量显示器可以看到，小猫角色的x坐标停留在273。尝试往其他方向移动，也无法将小猫移出舞台。

在小狗角色的代码中，使用特殊方式控制小猫移动。按下b键，小狗会一直朝着舞台右边移动，并移到舞台之外。通过舞台上的变量显示器可以看到，小狗角色的x坐标停留在527。这里使用的特殊移动技巧是，在使用"移动…步"积木之前先将角色大小设为一个很大的值（如999），移动之后再将角色大小恢复为原来的值（默认为100），这样就能突破Scratch默认的限制，将角色移到舞台之外，从而实现将角色平滑地移入、移出舞台的效果。

在"高炮防空战"项目中，轰炸机的移动就利用了上述介绍的特殊技巧。轰炸机从舞台右端平滑地移入舞台中，在投下炸弹之后又平滑地从舞台左端移出。

探索2：设计炮弹的弹道

在"高炮防空战"项目中，将炮弹的运动轨迹设计为一条弧形弹道，并且随着高度的增加而让炮弹不断地变小。这样可在一定程度上模拟真实的炮弹运动，使玩家获得更好的游戏体验。

图14-3的程序中以小球代替炮弹进行演示。小球角色面向35度方向从舞台的左下角向着右上角移动，直到碰撞舞台边缘时停止。在运动过程中，小球每移动5步就向右旋转0.3度，从而形成一条弯曲的运动轨迹。并且，当小球的y坐标大于100时，不断地减小小球角色的大小。这样可以使舞台呈现出一定的空间感，让小球的运动增加一些真实感。

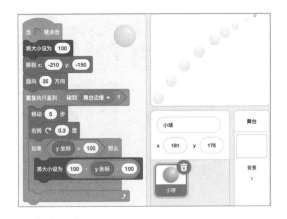

图14-3　炮弹的抛物线弹道演示

同样的道理，在"高炮防空战"项目中，也将轰炸机的大小设计为与高度相关，即当轰炸机的y坐标超过100时，让轰炸机角色的大小随着其y坐标的增加而不断变小。这样的设计使得炮弹大小与轰炸机的大小相匹配。

探索 3：制作自由落体炸弹

在"高炮防空战"项目中，前来进攻的轰炸机要执行扔炸弹的任务。当一架轰炸机飞行到某个位置时，会扔下几枚炸弹。按照物理运动规律，这些炸弹将会在空中做平抛运动。平抛运动是指将物体以一定的初速度沿水平方向抛出，并且物体仅受重力作用的运动。平抛运动可以分解成水平方向的匀速直线运动和竖直方向的自由落体运动。在编程时，分别在水平方向和竖直方向控制角色运动即可。

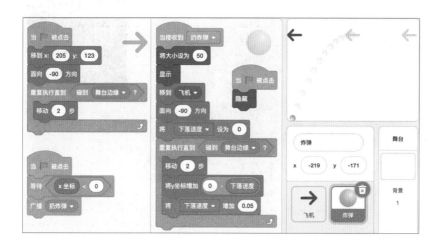

图14-4　炸弹的运动轨迹

图14-4的程序以箭头代替飞机、小球代替炸弹进行演示。当程序运行后，飞机从舞台右端向左端移动，移动速度为每次2步。当飞机的x坐标小于0时，扔出一颗炸弹。炸弹在运动时，在水平方向上与飞机保持一致，每次移动2步，并在竖直方向上做自由落体运动，初速度为0，下落速度每次增加0.05个单位。在舞台上可以看到，炸弹的运动轨迹呈现为一条抛物线。

在编写代码控制角色运动时，水平方向的运动使用"面向…方向"积木和"移动…步"积木来控制，也可以使用"将x坐标增加…"积木来控制；竖直方向的运动使用"将y坐标增加…"积木来控制。在两个方向同时控制角色运动，就可以实现角色的平抛运动。

探索 4：绘制矩形血条

在"高炮防空战"项目中，玩家初始的生命值为100，当轰炸机突破防线投下炸弹，就会扣减玩家的生命值。在舞台的底部，根据玩家的生命值显示有一个矩形的血条，用于让玩家在游戏过程中随时观察生命值的变化情况。

矩形血条的绘制方法是：在一个循环结构中，使用"全部擦除"积木清除舞台上绘制的内容，然后根据"生命值"变量的数值画出一个由若干条细线组成的矩形。当"生命值"变量的数值发生变化时，矩形的长度也随之变化。图14-5是一个绘制矩形血条的演示程序，拖动舞台上的"生命值"变量显示器的滑块，可以看到矩形血条的长度随之变化。

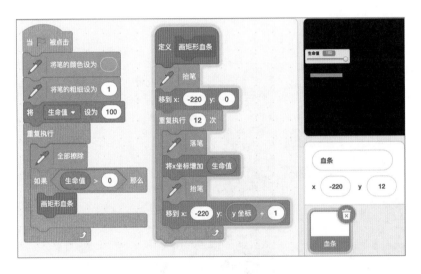

图14-5　绘制矩形血条

 项目制作

经过前面的技术探索，现在开始制作"高炮防空战"项目。图14-6是"高炮防空战"项目的功能结构图，描述了该项目使用的各个角色及其主要功能，我们可以据此进行项目的制作。

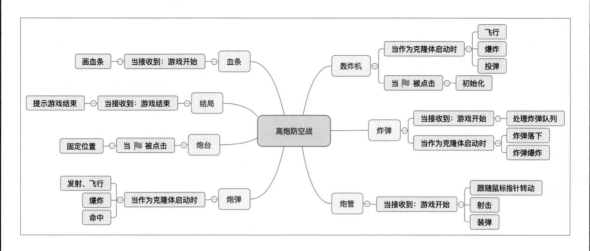

图14-6 "导弹防御战"项目的功能结构图

新建项目

启动Scratch软件，删除新项目中默认创建的小猫角色，然后将新项目以"高炮防空战.sb3"的文件名保存到本地磁盘上。

 项目素材路径： 资源包/第14章 高炮防空战/素材

添加背景

从本地磁盘上的素材文件夹中选择"城市场景.png"图片文件上传到Scratch项目中作为舞台的背景。

添加角色

1. 添加.sprite3角色

为节省时间，请从本章提供的"sprite3素材"文件夹中将"炮台.sprite3""炮管.sprite3""炮弹.sprite3""轰炸机.sprite3""炸弹.sprite3"5个角色文件上传到本项目的角色列表区中。

在这些.sprite3格式的角色文件中，已经提供了各个角色的造型和声音资源。导入这些角色文件后就可以开始编写代码。

提示： 本章的素材文件夹中还提供了png、svg格式的图片素材和音效素材，可根据需要来使用。

2. 添加"结局"角色

在角色列表中新建一个名为"结局"的角色，然后利用绘图编辑器中的"文本"工具添加内容分别为"游戏胜利"和"游戏失败"的两个造型，它们的大小都是200*70。

也可以从本章素材文件夹中将"结局.sprite3"角色文件导入到角色列表区中使用。

3. 新建"血条"角色

在角色列表区中新建一个名为"血条"的空角色，不需要制作造型。

经过以上工作，就准备好了"高炮防空战"项目需要的角色和背景，如图14-7所示。

图14-7　"高炮防空战"项目的角色列表

也可以在本章资源包中找到项目文件"高炮防空战[模板].sb3"打开，并在该项目文件的基础上编写代码。

 项目素材路径： 资源包/第14章 高炮防空战/高炮防空战[模板].sb3

编写代码

准备好舞台的背景和角色的造型之后，就可以为角色编写代码了。

1. 编写舞台的代码

切换到舞台的代码区编写代码，实现游戏初始化、派出轰炸机向玩家进攻、监测玩家的生命值、播放警报声等功能。

在"高炮防空战"项目中，需要创建"敌机数量""炮弹数量""得分""生命值""游戏状态"5个全局变量。其中，变量"游戏状态"被设计为可取3个值，1表示游戏进行中、2表示敌机进攻结束、3表示玩家战败。

图14-8是游戏初始化的代码。先对全局变量赋予初始值，然后广播一个名为"游戏开始"的消息，以启动游戏。

图14-9是播放空袭警报声的代码。在游戏过程中，以30秒为间隔反复地播放"空袭警报音效"。

图14-8　游戏初始化

图14-9　播放警报声

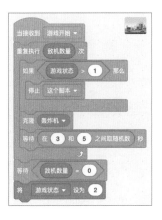

图14-10　派出轰炸机攻击玩家

图14-11　监测玩家生命值

图14-10是派出轰炸机向玩家进攻的代码。在一个循环结构中，以3到5秒为间隔不断地克隆"轰炸机"角色，以向玩家发起不间断地攻击。如果玩家的生命值为0，则提前结束进攻，退出循环。当进攻结束时，游戏也随之结束。

图14-11是监测玩家生命值的代码。玩家的生命值有可能出现负数，这里对其进行约束，使其最小值为0。当变量"生命值"小于1时，则修改变量"游戏状态"的值为3，以结束整个游戏。

2. 编写"血条"角色的代码

切换到血条角色的代码区，编写图14-12的代码，根据玩家的生命值，在舞台底部实时绘制一个绿色的矩形血条，以反映玩家的生命值变化情况。请阅读本章"探索4"的内容，了解矩形血条的绘制方法。

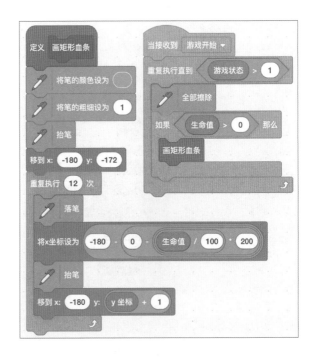

图14-12 绘制矩形血条

3. 编写"结局"角色的代码

切换到结局角色的代码区，编写图14-13的代码。当接收到"游戏结束"的消息时，根据玩家的生命值来显示胜利或失败的提示。

4. 编写高射炮的代码

在"高炮防空战"项目中，高射炮由炮台和炮管两个角色组合而成。

切换到炮台角色的代码区，编写图14-14的代码，将炮台角色固定在舞台底部的左侧。

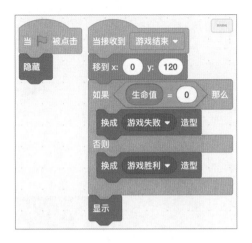

图14-13　显示胜利或失败　　　　　　图14-14　固定炮台位置

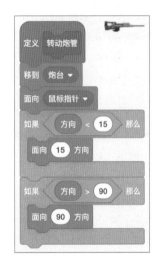

图14-15　控制炮管的代码　　　　　图14-16　转动炮管的代码

切换到炮管角色的代码区，编写如图14-15到图14-18的代码。

图14-15是控制炮管转动、发射炮弹和装填炮弹的代码。当炮管角色接收到"游戏开始"的消息后进入工作状态。在游戏过程中，炮管可以跟随鼠标指针转动。当玩家单击鼠标左键，并且炮弹数量大于0时，将会发射炮弹。当炮弹数量为0时，将自动装填炮弹，每次装填的炮弹数量为15枚。在装填过程中，炮管不能转动。

图14-16是"转动炮管"自制积木的代码。在该积木中，使用"移到（炮台）"积木使炮管角

色与炮台角色组合在一起；使用"面向（鼠标指针）"积木实现让炮管跟随鼠标指针转动，转动范围限制为15度到90度。

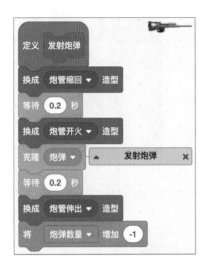

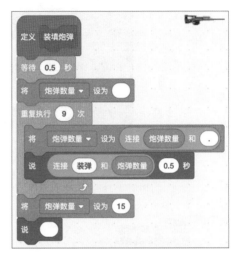

图14-17　发射炮弹的代码　　　　　　图14-18　装填炮弹的代码

图14-17是"发射炮弹"自制积木的代码。在该积木中，使用"克隆（炮弹）"积木通知炮弹角色创建新的克隆体（即发射炮弹）。在发射炮弹时，轮流切换"炮管缩回""炮管开火""炮管伸出"3个造型。每次发射炮弹时，将变量"炮弹数量"的值减1。

图14-18是"装填炮弹"自制积木的代码。在该积木中，先使用"炮弹数量"变量显示器和"说…"积木显示不断增加的点（.）以呈现装填过程，然后将"炮弹数量"变量的值设为15，即完成装填操作。这样设计的目的是为了设置等待时间，延缓玩家的操作。

5. 编写"炮弹"角色的代码

切换到炮弹角色的代码区，编写图14-19到图14-22的代码。

当玩家单击鼠标左键后，在炮管角色中调用"克隆（炮弹）"积木创建炮弹角色的克隆体；在炮弹角色中，使用"当作为克隆体启动时"积木响应克隆事件。当一个炮弹的克隆体被创建之后，先对炮弹的位置、造型等进行初始化，然后使用"移动…步"积木和"右转…度"积木控制炮弹走出一条弧形的运动轨迹。炮弹在飞行中会不断调整大小、速度和旋转角度等状态。当炮弹碰到轰炸机或者舞台边缘时，则停止移动。然后，在等待0.05秒后让炮弹爆炸并删除该炮弹克隆体。这个0.05秒的等待时间，是为了让轰炸机（克隆体）有时间进行碰撞检测。

图14-19 控制炮弹运动的代码

图14-20 炮弹初始化的代码　　图14-21 炮弹爆炸的代码

　　图14-20是"炮弹初始化"自制积木的代码。在该积木中，先将炮弹移到炮管角色所在位置，并沿着炮管的方向移动110步使其到达炮管的前端；然后将角色移到最后一层，并切换为"炮弹"造型；最后播放发射炮弹的音效。

　　图14-21是"炮弹爆炸"自制积木的代码。在该积木中，先播放"炮弹爆炸声"，然后将角色切换为"炮弹爆炸"造型，之后用图章积木将爆炸特效（调整角色的大小、像素化特效、虚像特效）

画在舞台上。在绘制特效时将角色隐藏，可以避免角色处于"炮弹爆炸"造型时与轰炸机发生碰撞。

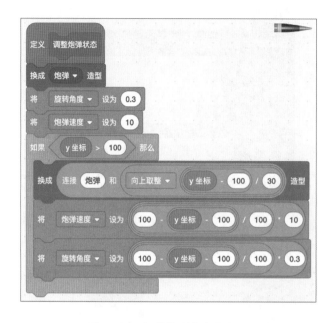

图14-22 调整炮弹状态的代码

图14-22是"调整炮弹状态"自制积木的代码。在该积木中，根据炮弹的y坐标来调整角色的造型、炮弹速度和旋转角度，使得炮弹在向高空飞行的过程中不断变小、变慢，从而产生炮弹在空间中运动的感觉。

6. 编写"轰炸机"角色的代码

切换到轰炸机角色的代码区，编写图14-23到图14-27的代码。

在"高炮防空战"项目中，舞台的上方区域是轰炸机飞行的区域，一架又一架轰炸机从舞台外平滑地飞入，从右端向左端匀速移动，并平滑地飞出舞台。当轰炸机飞行到舞台中的某个位置时就会扔下炸弹，向玩家发起攻击。

在编程时，使用"当作为克隆体启动时"积木响应克隆轰炸机的事件，使用"飞机初始化"自制积木对轰炸机进行初始化，然后用一个循环结构控制轰炸机向舞台左端移动。当轰炸机飞出舞台，就将其克隆体删除。在飞行过程中，如果轰炸机碰到炮弹（被击落），则会产生巨大的爆炸，之后将其克隆体删除，如图14-23所示。使用"飞机移动"自制积木可以实现让轰炸机平滑地飞入舞台和飞出舞台。请阅读本章"探索1"的内容，以了解如何让角色平滑进出舞台。

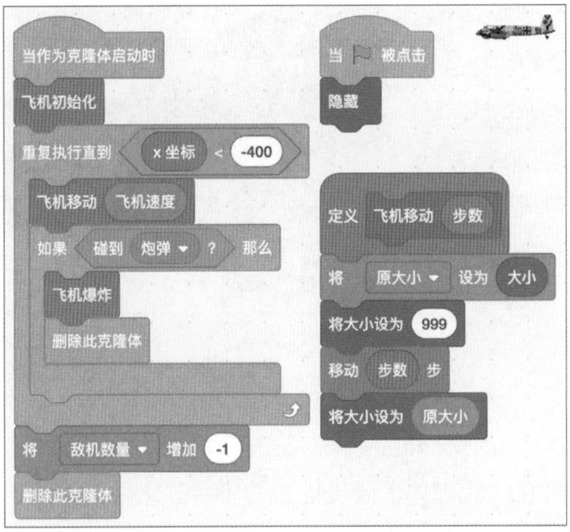

图14-23 轰炸机角色的代码（1）

在"飞机初始化"自制积木中，设定轰炸机角色（克隆体）的大小、造型、飞机速度、初始位置、前进方向等。其中，轰炸机大小随机设定为原大小的30%到100%；轰炸机造型在3个机型之间随机选取；轰炸机角色的y坐标位置与其角色大小有关，角色越小，其y坐标值越大；轰炸机角色起始位置的x坐标设为390，如图14-24所示。

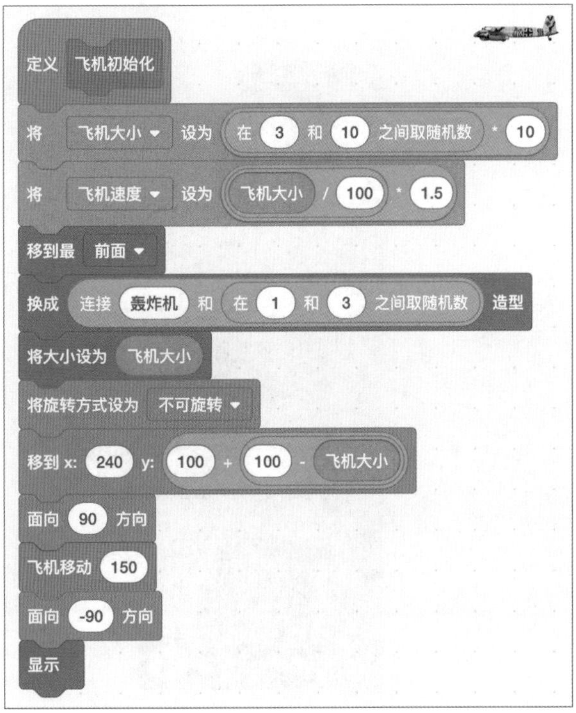

轰炸机的投弹位置在−50到0之间随机选取，当轰炸机角色（克隆体）向左飞行超过投弹位置时，将会调用"飞机投弹"自制积木进行投弹，如图14-25所示。

图14-26是"飞机投弹"自制积木的代码。在该积木中，将轰炸机克隆体的大小、x坐标、y坐标分别加入"炸

图14-24 轰炸机角色的代码（2）

弹大小""炸弹x坐标""炸弹y坐标"3个列表中，以创建炸弹角色的克隆体。轰炸机每次投下3枚炸弹，用"重复执行3次"积木向三个列表中分别加入3项数据。在轰炸机投弹时，表示其已突破防线，将玩家的生命值减去5。

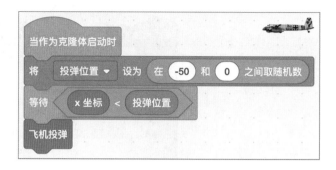

图14-25　轰炸机角色的代码（3）

图14-27是"飞机爆炸"自制积木的代码。在该积木中，先将轰炸机角色切换成爆炸造型，然后等待0.05秒以增加炮弹角色（克隆体）碰撞检测的机会。之后，将轰炸机角色隐藏，播放"飞机爆炸声"和生成飞机爆炸的特效。爆炸特效通过调整角色的大小、像素化特效、虚像特效三种方式混合实现，产生的特效使用图章积木绘制在舞台上。在绘制特效时也需要将角色隐藏，以避免角色处于"轰炸机爆炸"造型时与其他炮弹再次发生碰撞。

图14-26　轰炸机角色的代码（4）　　图14-27　轰炸机角色的代码（5）

7. 编写"炸弹"角色的代码

切换到炸弹角色的代码区，编写图14-28到图14-31的代码。

在"高炮防空战"项目中，向玩家发起进攻的轰炸机在飞行到某个位置时会扔下炸弹。从编程的角度来看，就是在某个轰炸机克隆体所在位置生成炸弹克隆体，即在任意指定的位置生成一个新的炸弹克隆体。

在图14-26的"飞机投弹"自制积木中，在投弹时需要将轰炸机克隆体的大小、x坐标、y坐标分别加入"炸弹大小""炸弹x坐标""炸弹y坐标"3个列表中，以根据这些数据创建炸弹角色的克隆体。

在游戏开始时，通过一个循环结构不断地读取"炸弹大小""炸弹x坐标""炸弹y坐标"三个列表中的数据，然后使用"克隆（自己）"积木生成新的炸弹克隆体，并将炸弹克隆体放置在指定的位置。这里使用基于列表实现的队列结构来处理飞机投弹（生成炸弹克隆体）的请求，如图14-28所示。请阅读本章"知识扩展"部分的内容，以了解使用列表实现队列结构的编程知识。

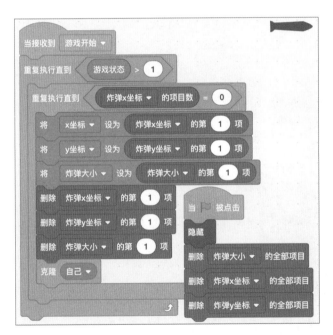

图14-28　处理投弹请求的代码

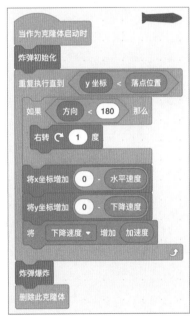

图14-29　控制炸弹克隆体运动的代码

图14-29是控制炸弹克隆体运动的代码。当炸弹克隆体被创建之后，先调用"炸弹初始化"自制积木对炸弹克隆体进行初始化。然后，使用"将x坐标增加…"积木和"将y坐标增加…"积木控

制炸弹克隆体进行平抛运动。当炸弹克隆体的y坐标小于设定的落点位置时，就调用"炸弹爆炸"自制积木绘制炸弹爆炸的特效。请阅读本章"探索3"的内容，以了解炸弹的运动方式。

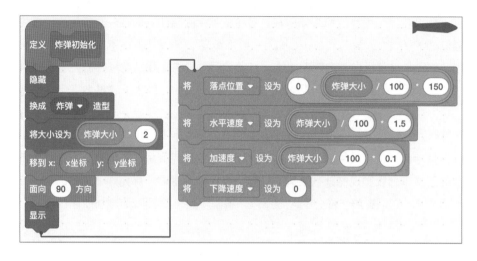

图14-30　炸弹初始化代码

图14-31　绘制炸弹爆炸特效

图14-30是"炸弹初始化"自制积木的代码。在该积木中，设定炸弹的大小、位置、方向，以及计算炸弹的落点位置、水平速度、下落时的加速度等参数。

图14-31是"炸弹爆炸"自制积木的代码。炸弹的爆炸特效也是通过调整角色的大小、像素化特效、虚像特效3种方式混合实现的。在绘制特效时也需要将角色隐藏，以避免当前角色与其他角色发生碰撞。

运行程序

单击  按钮运行项目，观看自己的创作成果吧！也可以分享给小伙伴一起玩哦！

知识扩展

列表的高级用法

1. 从列表中查找并删除特定项

图14-32所示程序演示了从列表中查找"冥王星"并将其删除的过程。在该程序中，使用"…中第一个…的编号"积木从列表中查找并返回指定元素的编号，然后使用"删除…的第…项"积木删除指定编号的列表元素。

如果"…中第一个…的编号"积木返回的数值为0，则表示要查找的目标元素不存在于列表中；否则，该数值就是目标元素在列表中的编号。

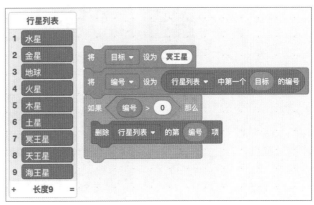

图14-32 从列表中查找并删除特定项

2. 在列表中生成不重复的随机数

图14-33所示程序演示了在列表中生成5个不重复的随机数的过程。在该程序中，使用"…包含…？"积木和"…不成立"积木判断当生成的随机数不存在于列表中时，就将其加入到列表中。

使用"…包含…？"积木，可以检测一个元素是否存在于列表中，若存在返回true，否则返回false。

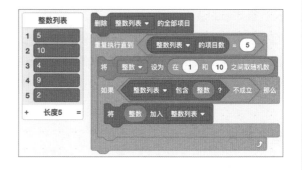

图14-33　在列表中生成5个不重复的随机数

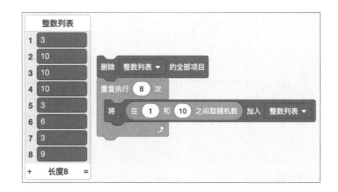

图14-34　在列表中生成8个有可能重复的随机数

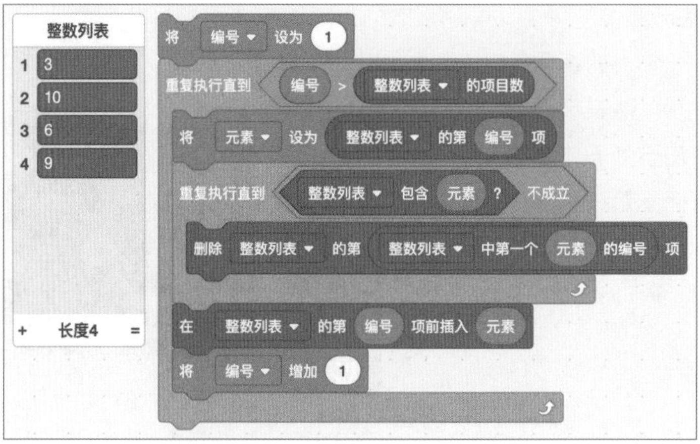

图14-35　去除列表中的重复项

3. 去除列表中的重复项

图14-34的程序用于在列表中生成8个有可能重复的随机数。然后，利用图14-35所示程序对这个列表中的整数进行去除重复项的处理，若出现多个重复项则只保留一个。在进行去重时，逐个读取列表中的每一项进行处理。先读取第1项的值存放在变量"元素"中，然后将列表中包含"元素"的各项都删除，最后在第1项之前插入变量"元素"的值。依此方法处理列表中的第2项、第3项……直到处理完列表中的所有项。这样就得到了一个没有重复项的列表。

使用"在…的第…项前插入……"积木，可以将一个新元素插入到列表中的指定项之前。例如，有一个名为"整数列表"的列表，其各项分别是：1、2、3。那么，利用"在（整数列表）的第2项前插入9"积木，可以将整数9插入到"整数列表"中第2项的位置，插入后列表中各项分别是：1、9、2、3。

4. 队列的应用

队列是编程中常用的一种数据结构，它的特点是先进先出。在生活中，我们经常能够看到队列的身影。例如，在公交车站台，排队等待上车的人们构成一个队列，后来的人排在队列的后头。当公交车到站停靠之后，排在队列前面的人先上车。

在Scratch中，可以使用列表来实现队列。为了实现先进先出的队列特性，规定只在列表的尾部追加数据，只在列表的头部读取并删除数据。图14-36的程序演示了一个利用队列实现的简单排号功能。按下a键，向队列尾部添加一个新号码；按下b键，从队列头部取出一个号码并将其从队列中删除。

图14-36　利用队列结构实现的简单排号功能

在"高炮防空战"项目中，采用基于列表实现的队列结构处理轰炸机的投弹请求。在投弹时，将轰炸机克隆体的大小、x坐标、y坐标分别加入到"炸弹大小""炸弹x坐标""炸弹y坐标"3个列表的尾部。然后，在炸弹角色中，分别从3个列表的头部取出第1项的数据，再使用这些数据对创建的炸弹角色的克隆体进行初始化。

在软件开发中，上述利用队列实现的处理投弹请求的编程方式被称为"生产者和消费者模式"。在"高炮防空战"项目中，以列表作为数据缓冲区，以轰炸机克隆体作为生产者，以炸弹角色作为消费者。图14-37是处理投弹请求的"生产者和消费者模式"的结构图。在这一实践中，生产者有许多个，而消费者只有一个。每个轰炸机克隆体是一个生产者，负责提供（生产）角色大小、x坐标、y坐标等数据，将它们加入到数据缓冲区中；炸弹角色（本体）是消费者，负责使用（消费）数据缓冲区中的这些数据，为创建的炸弹克隆体进行初始化。

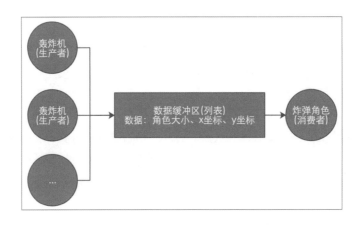

图14-37　处理投弹请求的"生产者和消费者模式"的结构图

生产者和消费者模式适用于多线程并发场合，它可以将杂乱无序的并发请求通过缓冲区（队列）转换成有序的请求。在"高炮防空战"项目中，每一个轰炸机克隆体可以视为一个线程，其投弹的位置是随机的，投弹的时间是不确定的，从而使得其投弹请求是并发的、无序的。通过将轰炸机克隆体（生产者）的投弹请求数据放入缓冲区（队列），由炸弹角色（消费者）按照先进先出的顺序依次处理缓冲区（队列）中的数据，让无序变为有序。

Note

—— 读书笔记 ——

Note 1　　Date＿＿＿＿＿＿

○

○

○

○

○

○

Note 2　　Date＿＿＿＿＿＿

○

○

○

○

○

○

Note 3　　Date＿＿＿＿＿＿

○

○

○

○

○

○

第15章

深海探宝

　　面对屏幕，玩家化身为某个角色进入舞台这个虚拟世界中纵横驰骋。在闯关模式的游戏中，吸引玩家沉浸其中的是各式各样的关卡。玩家从最简单的关卡开始，随后逐步提高关卡的难度，激励玩家不断挑战，直至最后通关。

　　本章以"深海探宝"项目为核心，讲解简单关卡游戏的制作方法。本项目综合运用前面所学的内容，涉及关卡地图的设计与绘制、制作灯光特效、列表的使用等方面的编程知识。

项目描述

　　这个项目是以深海探宝为主题的游戏。图15-1的舞台上展示的是一个深海洞窟场景。现在，你要驾驶一艘潜水艇深入黑暗的洞窟之中进行探宝。

　　单击 ▶ 按钮运行项目，然后使用键盘上的方向键控制潜水艇移动。当潜水艇下潜时，氧气会不断被消耗。氧气耗尽，则游戏结束。因此，潜水艇每次下潜的时间是有限的，需要及时上浮到海面以补充氧气。宝石埋藏在蜿蜒曲折的黑暗洞窟之中，潜水艇下潜时会自动打开灯光进行探照，以方便玩家采集宝石。

图15-1 "深海探宝"项目效果图

这个深海探宝游戏共有4关，每完成一关的任务，将会显示"下一关"按钮，单击即可进入下一关，依次完成各个任务，直至通关。

 项目路径： 资源包/第15章 深海探宝/深海探宝[完成版].sb3

运行这个项目玩一玩，看看包含哪些元素，思考这个项目是如何制作的。

操控方法： 单击 🏳 按钮运行程序，按下方向键 ⊞ 控制潜水艇上、下、左、右移动以采集宝物。

在制作"深海探宝"项目之前，让我们先对其中使用到的一些编程技术进行探索。

探索 1：制作背景和地形

在"深海探宝"项目中，玩家操控潜艇穿行在深海洞窟中探险寻宝。深海洞窟场景由从深蓝色到纯黑色渐变的深海背景和多个曲折复杂的洞窟地形组成。

1. 制作渐变的深海背景

切换到舞台的背景编辑区，使用"矩形"工具在画布上画出一大一小两个矩形，如图15-2所示。大矩形位于上方，小矩形位于下方，两个矩形均为无轮廓（边框）；大矩形占舞台大小的四分之三，小矩形占四分之一；大矩形使用上下渐变颜色的方式进行

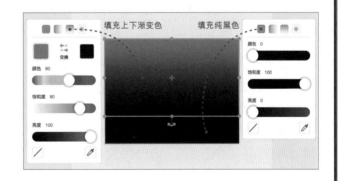

图15-2　填充背景图中两个矩形的颜色

填充，起始颜色为深蓝色（颜色60、饱和度80、亮度100）、结束颜色为纯黑色（颜色0、饱和度100、亮度0），小矩形填充为纯黑色（颜色0、饱和度100、亮度0）。这样就得到了由两个矩形无缝拼接在一起的深海背景图。

如果直接将一个舞台大小的矩形使用由深蓝色到纯黑色的渐变色进行填充，纯黑色的部分将会偏小，达不到本项目的要求。

2. 制作洞窟地形

在角色列表中新建一个名为"地形"的角色，然后切换到地形角色的造型编辑区绘制各种曲折复杂的洞窟地形。

在绘制编辑器中，使用"矩形"工具在画布上画出一个略大于舞台的矩形，并填充为纯黑色（颜色0、饱和度100、亮度0），然后使用大小为100的"橡皮擦"工具在黑色的矩形上擦出曲折复杂的洞窟地形。还可以使用"变形"工具对洞窟地形的细节进行调整，直到制作出令自己满意的结构，如图15-3所示。

洞窟地形图制作好之后，可以将其导出到本地磁盘上，以便在其他项目中

图15-3　绘制洞窟地形

使用。导出造型图片的方法为：在角色的造型列表中选中造型缩略图，然后单击鼠标右键，在弹出的快捷菜单中选择"导出"命令。

探索 2：潜艇的操控

在"深海探宝"项目中，玩家的任务是操控潜艇在曲折复杂的洞窟中穿行以采集宝物。为了让玩家更好地完成任务，我们采用键盘上的四个方向键分别控制潜艇角色的升、降、进、退，并且只有在按下按键时潜艇才会移动，松开按键时则停止，以达到简单灵活操控的目的。图15-4是用通过键盘操控潜艇穿行洞窟的效果图。

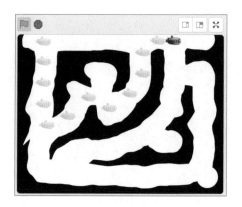

图15-4　潜艇穿行洞窟效果图

新建一个Scratch项目，并删除默认创建的小猫角色；从本章素材文件夹中导入"潜艇.png"图片文件以创建"潜艇"角色；将在"探索1"中制作的洞窟地形图片导入到新建项目中创建一个名为"地形"的角色。

接下来，切换到潜艇角色的代码区，编写图15-5到图15-10的代码。

图15-5是潜艇初始化的代码。初始化的内容包括：创建"速度"变量，设定潜艇角色的大小、初始位置、方向和旋转方式等。其中，将角色的旋转方式设为"左右翻转"，使潜艇在水平方向掉头的时候显示与之匹配的外观。

图15-5　潜艇初始化的代码　　图15-6　"潜艇进退"自制积木的代码

图15-6到图15-8是"潜艇进退""潜艇升降""潜艇掉头"3个自制积木的实现代码。在操控潜艇进退、升降和掉头时，如果潜艇碰到洞窟地形，可以让潜艇进行反向操作以避开地形。

图15-7　"潜艇升降"自制积木的代码　　图15-8　"潜艇掉头"自制积木的代码

图15-9和图15-10是侦测键盘上的四个方向键，并控制潜艇执行上升、下降、前进、后退等操作。对潜艇的操作也可以改为使用按键事件的方式，但使用按键侦测方式可以使潜艇的运动更顺畅。阅读第11章"知识扩展"部分的内容，以了解按键事件与按键侦测两种方式的特点。

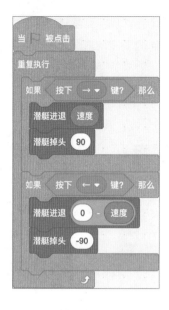

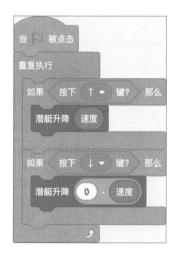

图15-9 控制潜艇上升和下降　　图15-10 控制潜艇前进和后退

单击 🏴 按钮运行程序，然后通过键盘上的四个方向键操控潜艇在洞窟中穿行。在测试程序的同时，请注意观察是否有需要改进的地方。

探索 3：潜艇的照明

在"深海探宝"项目中，当玩家操控潜艇来到洞窟深处，面对一片漆黑将无法前进。这时需要为潜艇提供照明系统，以便照亮潜艇周围的洞窟地形和宝石。

图15-11是为潜艇加上照明系统后的效果图。要实现这样的效果，需要添加一个透明渐变的灯光角色，并将它与潜艇组合在一起，随着潜艇一起移动。

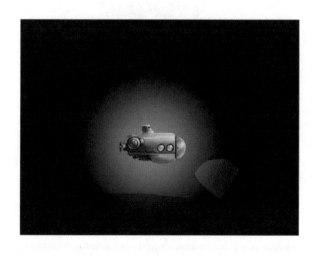

图15-11 潜艇的照明效果图

1. 制作灯光效果的造型

在前面进行的"潜艇的操控"项目上继续进行制作，将在"探索1"中制作的深海背景图导入到项目中作为舞台的背景。然后，在项目中新建一个名为"灯光"的角色，再切换到造型编辑区中制作一个灯光造型。

在绘图编辑器中，使用"圆"工具在画布中画出一个无轮廓的圆形。圆形的大小为80×80，圆形的中心与造型中心对齐，填充方式选择圆形渐变填充。

用"选择"工具选中圆形，然后设置"填充"参数。使用从圆形中心向四周逐渐变透明的方式进行填充，起始颜色为蓝色（颜色55、饱和度100、亮度100），结束颜色为透明，如图15-12所示。

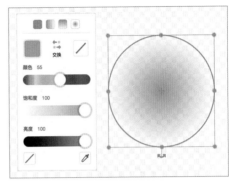

图15-12　制作灯光效果的造型

2. 编写灯光效果的代码

切换到舞台的代码区编写图15-13的代码，以实现利用背景图快速擦除舞台内容的功能。

> **注意：** 当切换到舞台的代码区后，如果在界面左侧的"画笔"模块的积木列表中找不到"图章"积木，那么可以先切换到某个角色的代码区，然后将"图章"积木拖到角色列表区右侧的舞台背景缩略图上，就可以将该积木添加到舞台的代码区中。

图15-13　舞台的代码

切换到灯光角色的代码区编写图15-14的代码。在一个循环结构中，先使用"移到（潜艇）"积木让灯光角色跟随潜艇角色移动；然后使用"将（虚像）特效设为…"积木让灯光角色的透明度随着y坐标不断变化（y坐标值越大，透明度越大）；接着使用"图章"积木将产生的特效绘制在舞台上。

> **提示：** 注意地形、灯光、潜艇三个角色的层次顺序，从后到前依次为地形、灯光、潜艇。可依次切换到这三个角色的代码区，然后在界面左侧的积木列表中单击"移到最（前面）"积木，以将三个角色的层次调整为正确的顺序。

单击 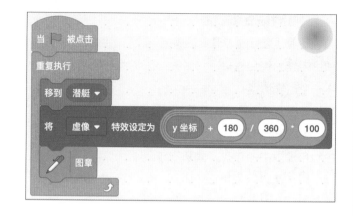 按钮运行程序，利用
键盘方向键控制潜艇下降，就可以
看到在潜艇周围的灯光亮度不断增
强，当移动到深海背景中的黑暗区
域时，洞窟的地形会被灯光照亮。

图15-14　灯光角色的代码

3. 制作宝石的光照效果

在角色列表区中新建一个名为"宝石"的角色，然后切换到宝石角色的造型编辑区，单击界面
左下方的"选择一个造型"按钮，从Scratch的造型库中搜索"Crystal-a"并将该造型添加到造
型列表中。接着，将舞台上的宝石拖到舞台底部，放在（x:-100,y:-150）位置或其他位置。

切换到宝石角色的代码区编写图15-15的代码，让宝石角色的透明度与潜艇的距离产生关联。

即宝石角色与潜艇角色的距离越大；
宝石角色的透明度就越大。如果宝
石距离潜艇较远，宝石将变得完全
透明而消失在黑暗的洞窟中。

单击 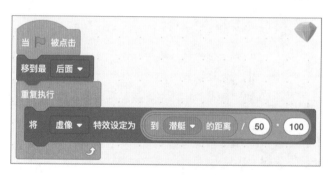 按钮运行程序，可以操
控潜艇去寻找海底洞窟中的宝石，
可以看到图15-11的光照效果。

图15-15　宝石角色的代码

探索 4：简单闯关游戏

在前面的技术探索中，我们已经完成了深海背景和洞窟地形的制作、潜艇的操控、灯光特效的
制作等。在这里，我们对本章"探索3"实现的Scratch项目进行扩展，制作一个具有两个关卡的海
底探宝小游戏，以此演示如何设计和制作一个简单的闯关游戏。

1. 制作地形

切换到地形角色的造型编辑区，按照本章"探索1"中介绍的方法再制作一个洞窟地形的造型。图15-16是制作简单的关卡游戏要用到的两个洞窟地形的造型。

图15-16　地形角色的造型列表

2. 编写代码

图15-17是一个具有2个关卡的海底探宝小游戏的流程图。一般来说，闯关游戏的玩法是，从第1关开始玩，然后是第2关、第3关……直到最后一关。因此，在设计闯关游戏时，我们需要为每一个关卡编上号（创建一个全局变量"关卡编号"），然后在一个主程序中利用一个循环结构来控制关卡编号的增长，直到关卡编号大于关卡总数为止。在游戏开始时，先将变量"关卡编号"设定为1，然后在循环体中执行每一个关卡要进行的操作（如潜艇归位、放置宝石、采集宝石等）。当每一关要求的任务完成之后，才会让关卡编号增长，进入下一关。如此反复执行每一关的任务，直到全部任务完成。

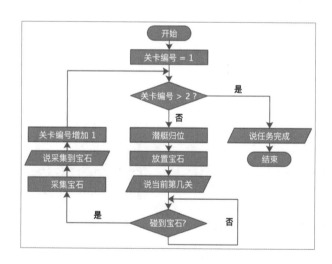

图15-17　海底探宝小游戏流程图

接下来，在"潜艇""地形""宝石"三个角色的代码区中添加图15-18到图15-20的代码，就可以实现一个简单的海底探宝小游戏了。

在这个海底探宝小游戏中，将控制关卡切换的主程序放在潜艇角色中完成。切换到潜艇角色的代码区，添加图15-18的一段代码，该代码与图15-17的流程图描述一致。其中，"潜艇归位"操作是将潜艇角色放置在舞台左上方（x:-180,y:165）位置，"放置宝石"和"采集宝石"操作是使用广播消息的方式通知宝石角色进行相应的处理。

在该游戏中，每一关要完成的任务是采集到一颗宝石。因此，使用"等待…"积木和"碰到（宝石）？"积木检测玩家是否采集到宝石，如果没有采集到宝石则会让程序一直等待。当玩家采集到一颗宝石，才会让"关卡编号"增加1，使游戏进入到下一个关卡。

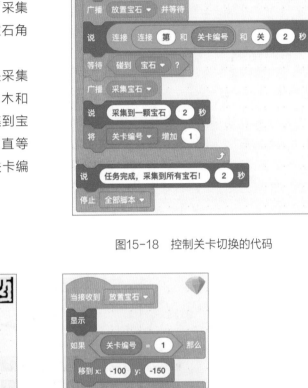

图15-18　控制关卡切换的代码

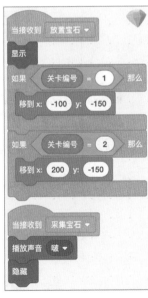

图15-19　切换洞窟地形的代码　　图15-20　放置宝石和采集宝石的代码

图15-19是在地形角色中添加的一段代码，用于根据"关卡编号"变量的值来显示与之对应的洞窟地形的造型。

图15-20是在宝石角色中添加的两段代码，分别用于响应"放置宝石"和"采集宝石"的消息。当接收到"放置宝石"的消息后，根据"关卡编号"变量的值，将宝石放置在相应的坐标处。当接收到"采集宝石"的消息后，播放一个声音，并将宝石角色隐藏。

到这里，一个简单的海底探宝小游戏就制作完成了。单击▶按钮运行程序，然后开动潜艇去采集宝石吧！

⚙ 项目制作

经过前面的技术探索，现在开始制作"深海探宝"项目。图15-21是"深海探宝"项目的功能结构图，描述了该项目使用的各个角色及其主要功能，我们可以据此进行项目的制作。

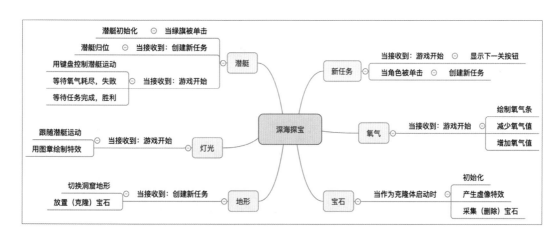

图15-21 "深海探宝"项目的功能结构图

新建项目

启动Scratch软件，删除新项目中默认创建的小猫角色，然后将新项目以"深海探宝.sb3"的文件名保存到本地磁盘上。

项目素材路径： 资源包/第15章 深海探宝/素材

添加背景

从本地磁盘上的素材文件夹中选择"深海背景.png"图片文件，上传到Scratch项目中作为舞台的背景，然后选择"音乐珊瑚.wav"声音文件并上传到舞台的声音列表中。

添加角色

从本地磁盘上的素材文件夹中依次选择潜艇、灯光、地形、宝石、新任务、氧气等角色的图片上传到Scratch项目中，以创建对应的角色，如图15-22所示。

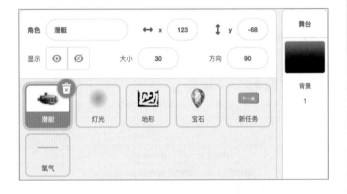

图15-22 "深海探宝"项目的舞台背景和角色列表区

宝石角色有15个造型，可选择使用其中一些造型或者是全部造型，如图15-23所示。

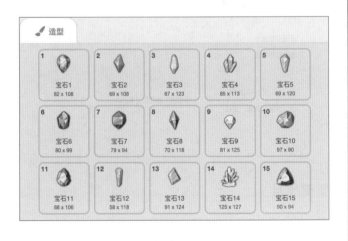

图15-23 宝石角色的造型列表

地形角色有4个造型，需要全部选择使用。还可以自行制作一些洞窟地形，并添加到地形角色的造型列表中，如图15-24所示。

图15-24　地形角色的造型列表

也可以在本书资源包中找到"深海探宝[模板].sb3"项目文件打开，并在该项目文件的基础上编写代码。

　项目素材路径： 资源包/第15章 深海探宝/深海探宝[模板].sb3

编写代码

准备好舞台的背景和角色的造型之后，就可以为角色编写代码了。

1. 编写舞台的代码

切换到舞台的代码区编写代码，实现游戏初始化、实时擦除舞台内容、循环播放背景音乐等功能。

在"深海探宝"项目中，需要创建"任务总数""速度""任务号""氧气量""状态"5个全局变量。其中，变量"速度"用于控制潜艇的移动速度，被设定为每次移动3步；变量"状态"被设计为可取3个值，分别是"游戏中""失败""成功"。

图15-25是游戏初始化的代码。先对全局变量赋予初始值，然后依次广播消息"创建新任务"和"游戏开始"，以通知地形角色和潜艇角色进行新任务的初始化，之后启动游戏进程。

图15-25　游戏初始化

图15-26是擦除舞台内容的代码。在游戏中需要给潜艇增加照明特效、给宝石增加光照特效以及实时绘制氧气条，因此需要不断地擦除舞台上绘制的内容。

图15-27和图15-28是实现循环播放背景音乐的两段代码。使用"播放声音…等待播完"积木能够完整播放完一首音乐，然后等待10秒，再重复进行播放。使用"将音量增加…"积木可以控制音量逐渐增大，让背景音乐慢慢响起。

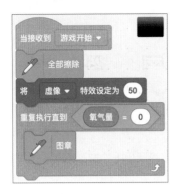

图15-26 擦除舞台内容

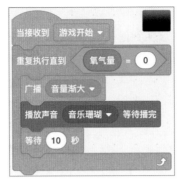

图15-27 循环播放背景音乐

图15-28 控制音量逐渐变大

2. 编写"地形"角色的代码

切换到地形角色的代码区，编写图15-29和图15-30的两段代码，实现根据任务号切换洞窟地形和放置宝石。在"深海探宝"项目中设计了4个不同洞窟地形的造型，造型名字以"任务"开头，后面接一个表示任务号的数字。当接收到内容为"创建新任务"的消息后，根据全局变量"任务号"切换到相应的洞窟地形的造型，以及放置宝石。

在"放置宝石"自制积木中，依次从"宝石x坐标"和"宝石y坐标"两个列表中取出5个宝石的坐标并先后存放在全局变量"宝石x"和"宝石y"中；使用"克隆（宝石）"积木创建新的宝石克隆体。在宝石克隆体被创建后，将被移动到变量"宝石x"和"宝石y"指定的坐标位置。

在编程时，分别创建名为"宝石x坐标"和"宝石y坐标"两个列表，然后从本章的素材文件夹中将"宝石x坐标.txt"和"宝石y坐标.txt"两个文本文件中的数据导入到对应的列表中。本章"知识扩展"中介绍了如何制作地图编辑器，可用它来生成宝石坐标数据。

图15-29 切换地形和放置宝石

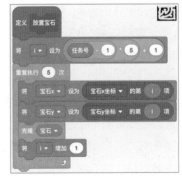

图15-30 "放置宝石"自制积木

3. 编写"宝石"角色的代码

切换到宝石角色的代码区，编写图15-31的三段代码，实现创建宝石角色的克隆体，并对其进行初始化和控制其行为。

对宝石克隆体的初始化操作包括：将宝石移到指定位置、随机选择宝石的造型、将宝石外观设为半透明（虚像值50）等。

当宝石克隆体碰到潜艇角色之后，将视为被玩家采集，先播放一个声音（素材文件夹中的"铃声.wav"），然后将"宝石数量"的变量值增加1，最后删除该克隆体。

在"深海探宝"项目中，宝石被隐藏在黑暗的深海洞窟中，只有当潜艇靠近时才会被潜艇的灯光照到。在编程时，根据与潜艇角色的距离来设定宝石克隆体的虚像特效，实现被灯光照射的效果。离潜艇角色越远，虚像值就越大，以至透明而不可见；反之，虚像值就越小，可以被玩家发现而将其采集。请阅读本章"探索3"的内容，了解宝石灯光效果的制作方法。

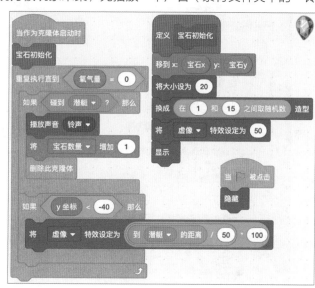

图15-31 宝石角色的代码

4. 编写"灯光"角色的代码

切换到灯光角色的代码区，编写图15-32的代码，实现让灯光角色跟随潜艇角色一起移动，并生成灯光特效。灯光角色的y坐标值越大，虚像值就越大，以至透明而不可见；反之，虚像值就越小，可以在潜艇四周产生照明效果。请阅读本章"探索3"的内容，了解潜艇照明特效的制作方法。

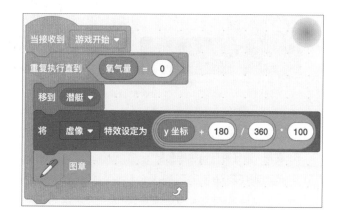

图15-32 灯光角色的代码

5. 编写"氧气"角色的代码

切换到氧气角色的代码区，编写图15-33和图15-34的两段代码。氧气角色负责实现两个功能，一个是根据变量"氧气量"的值实时绘制一个氧气条，以反映玩家可使用的氧气量；一个是根据潜艇角色的y坐标，来减少或增加玩家可使用的氧气量。

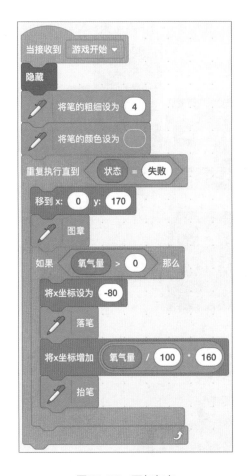

图15-33　画氧气条

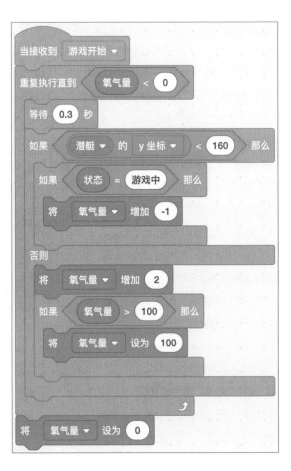

图15-34　减少或增加氧气量

6. 编写"新任务"角色的代码

切换到新任务角色的代码区，编写图15-35的代码，实现显示"下一关"按钮和切换任务关卡的功能。当在一个任务中采集到5颗宝石后，将显示"下一关"按钮；当按钮被单击，将变量"任务号"的值增加1，并广播"创建新任务"的消息以进入下一个关卡继续进行探宝游戏。

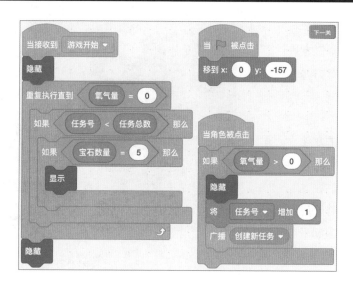

图15-35　新任务角色的代码

7. 编写"潜艇"角色的代码

切换到潜艇角色的代码区，编写图15-36到图15-42的代码，实现潜艇的操控功能和判断游戏的胜利或失败。

图15-36是对潜艇进行初始化的代码。在项目启动后，先将潜艇角色的旋转方式设为"左右翻转"，使其只能面向左、右两个方向进行翻转。当接收到"创建新任务"的消息后，将全局变量"氧气量"值设为100、"宝石数量"值设为0，将潜艇移到舞台左上方（x:-165,y:170）位置，之后提示"开始探宝吧！"以提醒玩家开始进行游戏。

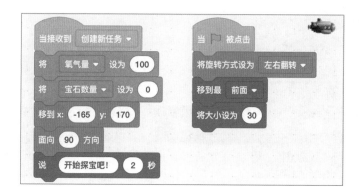

图15-36　潜艇初始化的代码

图15-37是控制潜艇移
动的代码。在游戏时，玩家
可以使用键盘上的四个方向
键操控潜艇升降和进退。当
潜艇向右移动时，会掉头面
向90度方向；当潜艇向左移
动时，会掉头面向-90度方
向。在代码中，潜艇的移动
通过"潜艇升降""潜艇进
退""潜艇掉头"3个自制积
木来实现。

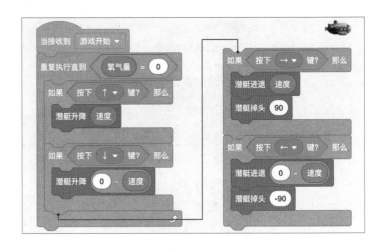

图15-37 控制潜艇移动的代码

图15-38是"潜艇进退"自制积木的代码。在该代码中，使用"将x坐标增加…"积木让潜艇
在水平方向进行相对移动。在移动时，潜艇每次只移动一步，如果碰到地形角色，则退回一步。这
样可以精确地控制潜艇在水平方向移动。注意，在创建积木时需要勾选"运行时不刷新屏幕"复
选框。

图15-39是"潜艇掉头"自制积木的代码。在该代码中，使用"面向…方向"积木让潜艇转向
指定的方向（向左掉头为面向-90度方向，向右掉头为面向90度方向）。如果在掉头时碰到地形角
色，则恢复原来的方向。注意，在创建积木时需要勾选"运行时不刷新屏幕"复选框。

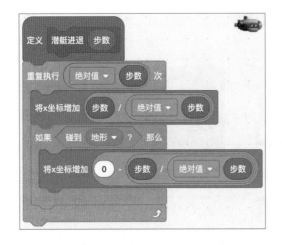

图15-38 "潜艇进退"自制积木

图15-39 "潜艇掉头"自制积木

图15-40是"潜艇升降"自制积木的代码。在该代码中，使用"将y坐标增加…"积木让潜艇在垂直方向进行相对移动。在移动时，潜艇每次只移动一步，如果碰到地形角色，则退回一步。这样可以精确地控制潜艇在垂直方向移动。注意，在创建积木时需要勾选"运行时不刷新屏幕"复选框。

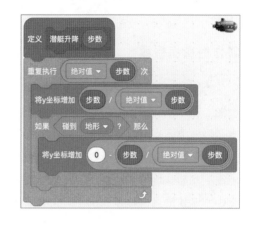

图15-40　"潜艇升降"自制积木

图15-41是等待游戏胜利的代码。当接收到"游戏开始"的消息后，使用"等待"积木使当前程序进入监听状态。当变量"任务号"和"任务总数"相等，并且"宝石数量"等于5时，表示玩家已经通过了最后一个关卡，这时将变量"状态"的值修改为"成功"。然后，向玩家发出提示"恭喜你，找到所有宝石！"，并在5秒之后结束整个项目。

图15-42是等待游戏失败的代码。当接收到"游戏开始"的消息后，使用"等待"积木使当前程序进入监听状态。当变量"氧气量"值等于0时，表示玩家已经消耗完所有氧气。这时将变量"状态"的值修改为"失败"，然后向玩家发出"氧气耗尽，任务失败！"的提示，并在5秒之后结束整个项目。注意，代码中的"等待1秒"积木，是为了在"氧气量"为0时有时间完成氧气条的绘制。

图15-41　等待游戏胜利

图15-42　等待游戏失败

运行程序

单击 🚩 按钮运行项目，观看自己的创作成果吧！也可以分享给小伙伴一起玩哦！

制作地图编辑器

为了提高"深海探宝"游戏项目的可玩性，玩家可以自己制作各种曲折复杂或千奇百怪的洞窟地形。在制作洞窟地形之后，还要生成各个关卡中放置宝石的坐标数据。为了方便管理洞窟地形和宝石坐标数据，可以专门设计一个辅助程序。这种程序在专业上称为"地图编辑器"。

为了简化程序的开发工作，"深海探宝"游戏项目的地图编辑器只实现一些基本的功能。这些功能包括：制作地形图、生成宝石坐标数据、浏览地形图和宝石、导出地形图、导出宝石坐标数据。其中，制作地形图使用Scratch的绘图编辑器制作，导出地形图和宝石坐标数据都是使用Scratch自身的功能。这样，地图编辑器只需要编程实现两个功能即可，制作过程如下。

在本书提供的资源包中找到项目模板文件"地图编辑器[模板].sb3"，然后在它的基础上编写地图编辑器的代码。

 项目素材路径：资源包/第15章 深海探宝/知识扩展/地图编辑器[模板].sb3

1. 编写"地形"角色的代码

切换到地形角色的代码区，编写代码实现地图编辑器的初始化和切换任务地图的功能。

图15-43是地图编辑器的初始化代码。在该代码中，对全局变量"任务总数""工作模式""宝石数量""任务号"进行初始化和广播"切换任务"的消息。其中，变量"任务总数"的值设定为4，表示在地形角色中有四个洞窟地形的造型，对应4个关卡任务；变量"工作模式"的值设为"预览"，表示地图编辑器在预览模式下工作。

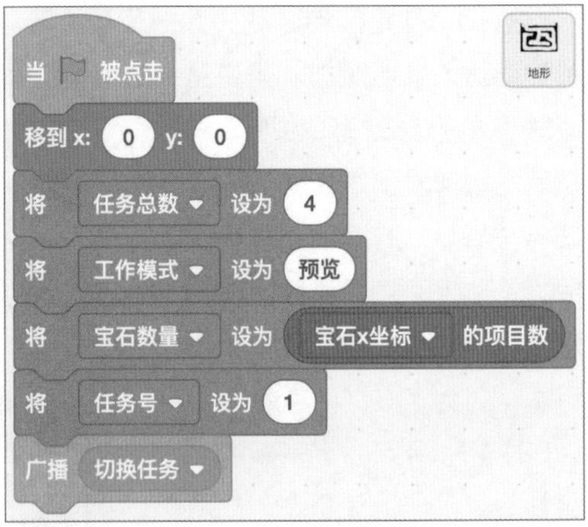

图15-43 地图编辑器的初始化代码

图15-44是切换任务地图的代码。在该代码中，使用空格键切换任务地图。当按下空格键时，将变量"任务号"的值增加1，如果它的值大于"任务总数"，则使其设为1，从而达到循环切换任务地图的目的。当接收到"切换任务"的消息后，将地形角色切换到"任务号"对应的造型，然后广播"显示宝石"的消息，以便在地图上显示出宝石。

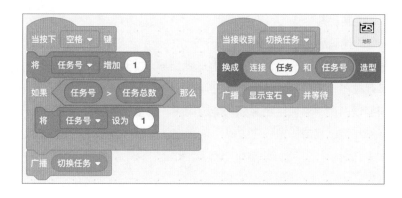

图15-44 切换任务地图的代码

2. 编写"编辑"角色的代码

切换到编辑角色的代码区，编写代码实现在预览模式和编辑模式之间切换的功能。

图15-45的代码实现了根据变量"工作模式"的值，将编辑角色切换为"编辑"造型或"预览"造型的功能。

当编辑角色被单击后，将在两种工作模式之间来回切换。当进入编辑模式后，就将编辑角色隐藏，然后清除舞台上画出的所有宝石和清空宝石坐标数据，如图15-46所示。

图15-47是"清空宝石数据"自制积木的代码。在该代码中，使用"询问…并等待"积木让用户确认是否要执行清空数据的操作，以防止误删除。当用户回答yes后将执行清除数据的操作，然后将变量"工作模式"修改为"编辑"，并广播"开始编辑工作"的消息。

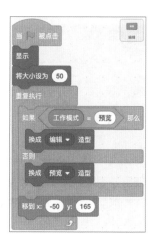

图15-45　编辑角色的代码（1）　　图15-46　编辑角色的代码（2）　　图15-47　编辑角色的代码（3）

3. 编写"宝石"角色的代码

切换到宝石角色的代码区，编写代码实现显示某个关卡的宝石和添加宝石坐标的功能。

图15-48是根据变量"任务号"的值，在地形图上显示（用图章画出）某个关卡的5颗宝石的代码。宝石的坐标存放在"宝石x坐标"和"宝石y坐标"两个列表中。

图15-49是在编辑模式下添加宝石坐标功能的代码。当接收到"开始编辑工作"的消息后，就进入添加宝石坐标的过程。当单击鼠标左键时，就会把鼠标指针当前所在位置的x坐标和y坐标作为放置宝石的坐标，将它们加入到两个列表中，然后用图章在鼠标单击的位置画出一个宝石。

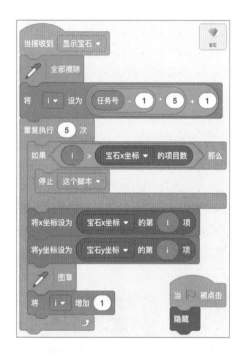 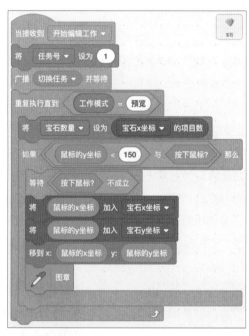

图15-48　宝石角色的代码（1）　　　　　　图15-49　宝石角色的代码（2）

4. 导出地形图和宝石坐标数据

经过以上步骤就实现了一个简单的地图编辑器，可以用它来制作新的洞窟地形图，并在地形图上指定宝石放置的坐标，然后将宝石坐标数据导出来给"深海探宝"游戏项目使用。

 项目路径：资源包/第15章 深海探宝/知识扩展/地图编辑器[完成版].sb3

单击 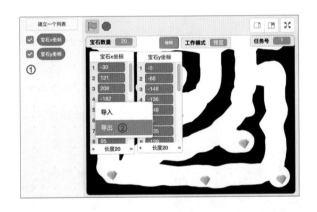 按钮运行程序，然后按照以下步骤使用地图编辑器生成宝石坐标数据。

（1）单击舞台顶部的"编辑"按钮，然后在询问"编辑宝石坐标将清空所有数据！YES or NO？"时输入yes，再按下回车键确认。这样就可以进入编辑模式下工作。

（2）在舞台中显示的洞窟地形图上寻找适当的位置，然后单击鼠标就可以在当前位置画出一个宝石，同时该位置的坐标会被记录到列表中。每一个关卡必须放置5颗宝石，否则生成的宝石数据将无法正确使用。

（3）按下空格键切换到下一个关卡，继续放置5颗宝石。依此方法在4个关卡上都放置好宝石。

（4）单击舞台顶部的"结束编辑"按钮，将从编辑模式切换到预览模式。在预览模式下，可以按下空格键切换不同的关卡，查看每一个关卡中放置的宝石。

经过以上步骤，使用地图编辑器生成的宝石坐标数据已经存放在了"宝石x坐标"和"宝石y坐标"这两个列表中。

在界面左侧的变量模块的积木列表中勾选"宝石x坐标"和"宝石y坐标"复选框①，使之在舞台上显示出两个列表显示器。然后，在列表面板上单击鼠标右键，在弹出的快捷菜单中选择"导出"命令②，就可以将列表中存放的坐标数据导出为文本文件。按此方法可以分别导出"宝石x坐标.txt"和"宝石y坐标.txt"两个文本文件，如图15-50所示。

图15-50　导出宝石坐标数据

另外，可以切换到地形角色的造型编辑区，在造型列表中选择某个造型的缩略图，然后单击鼠标右键，在弹出的快捷菜单中选择"导出"命令，就可以将洞窟地形的造型导出为图片文件。

接下来，打开"深海探宝"游戏项目，将宝石坐标数据和洞窟地形图片导入到项目中，然后开始新的深海探宝之旅。

第16章 疯狂出租车

一个完整的游戏作品，通常需要在封面、主菜单、关卡选择、游戏场景、设置选项等界面之间跳转。由于这种界面跳转是非线性的，通常采用游戏状态机系统来实现。状态机系统在游戏开发中的应用非常普遍，是游戏引擎不可或缺的一个核心部件。

本章以"疯狂出租车"项目为核心，讲解滚屏赛车游戏和基于有限状态机的游戏框架的制作方法。本项目综合运用前面所学的内容，涉及屏幕滚动技术、行驶路线管理、游戏框架设计等方面的编程知识。

项目描述

这个项目是以竞速赛车为主题的游戏，图16-1（a）的舞台上展示的是一个城市公路场景。现在，作为一个疯狂的出租车司机，你要在规定时间内将乘客送达目的地。

（a）   （b）

图16-1 "疯狂出租车"项目效果图

单击按钮运行项目，然后使用键盘上的方向键控制出租车行驶。通过左、右方向键可以操控出租车向左转或向右转；通过上、下方向键可以操控出租车加速或减速。在公路上行驶着各式各样的汽车，当玩家的出租车碰到非玩家汽车时，玩家的出租车将停止行驶，这时需要重新启动引擎，从0开始加速前进。

在这个赛车游戏的完整版中，游戏共有9关，需要玩家逐级闯关以解锁新任务。图16-1（b）是完整版中的选择任务界面。

> 🔍 **项目路径：** 资源包/第16章 疯狂出租车/知识扩展/疯狂出租车[框架版].sb3

运行这个项目玩一玩，看看包含哪些元素，思考这个项目是如何制作的。

操控方法： 单击按钮运行程序，按下方向键控制赛车进退和转弯。

⬡ 技术探索

在制作"疯狂出租车"项目之前，让我们先对其中使用到的一些编程技术进行探索。

探索 1：屏幕滚动技术

在"疯狂出租车"游戏项目中，需要制作一条看上去无限长的道路，让玩家控制出租车在道路上飞驰。在进行游戏时，汽车并不会前进或后退，而是让作为道路的背景图片在垂直方向移动，从而产生汽车在移动的视觉效果。

为了方便制作，道路背景图通常由2个或3个舞台大小的小图拼接而成。在制作时，将一个长幅的道路背景图切割成多个小图，每个小图都刚好布满舞台，并且，这些小图可以在垂直方向（或水平方向）无缝拼接成一个无限重复的长图。在游戏时，每个时刻只将一个舞台大小的内容呈现出来；从玩家的角度来看，舞台上显示的是一条无限长的道路。

图16-2是使用双屏滚动实现无限背景图的方法。黄色框表示舞台，红色框表示A屏，蓝色框表示B屏。A屏和B屏总是拼接在一起，沿着垂直方向移动。假设背景图是由3个小图构成的，那么，

在开始时，A屏（显示第1个小图）完全在舞台中，B屏（显示第2个小图）位于舞台之外；当A屏向下完全移出舞台时，B屏刚好完全进入舞台；这时将A屏和B屏移回初始位置，并在A屏中显示第2个小图，在B屏中显示第3个小图，然后让A屏和B屏继续向下移动；当A屏向下完全移出舞台时，在A屏和B屏中分别显示第3个小图和第1个小图。如此反复进行，就可以实现屏幕滚动的效果了。

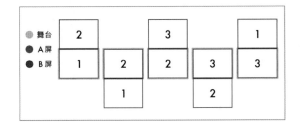

图16-2　双屏滚动技术

在编程时，为了简化代码的编写工作，选择使用一个角色的两个克隆体作为A屏和B屏。A屏的垂直移动范围是，y坐标从0到-359；B屏的垂直移动范围是，y坐标从360到1。A屏和B屏是拼接在一起移动的，它们的距离始终是360个单位。A屏和B屏在移动时，可以使用图16-3的公式实时计算出y坐标。

图16-3　计算A屏和B屏y坐标的公式

在这个公式中，变量"任务里程"表示玩家汽车在当前关卡任务中的行驶里程，变量"地形ID"是A屏和B屏克隆体的私有变量，分别取值0和1。通过这个公式可以计算出A屏和B屏的y坐标，从而能够精确地控制地形背景图的位置，如表16-1所示。

表 16-1　任务里程与 A、B 屏 y 坐标的转换

任务里程	A屏y坐标	B屏y坐标	A、B屏距离
0	0	360	360
100	-100	260	360
359	-359	1	360
360	0	360	360
460	-100	260	360
719	-359	1	360
720	0	360	360

由于A屏的"地形ID"变量的值为0，"地形ID * 360"的计算结果为0；而B屏的"地形ID"变量的值为1，"地形ID * 360"的计算结果为360，所以，A屏和B屏y坐标之间的距离始终保持360个单位，从而让A、B屏能够拼接在一起移动。

A屏和B屏在移动时，还需要将其造型切换为对应的小图，可以使用图16-4的公式计算出小图的造型编号。

图16-4　计算A屏和B屏造型编号的公式

利用上述公式计算出A屏和B屏的造型编号，然后在A屏和B屏移动到特定位置时通过造型编号更换相应的小图，从而实现无限重复的屏幕滚动效果。任务里程与A、B屏造型编号的转换如表16-2所示。

表 16-2　任务里程与 A、B 屏造型编号的转换

任务里程	A屏的造型编号	B屏的造型编号
0	1	2
360	2	3
720	3	1
1080	1	2
1440	2	3
1800	3	1

结合表16-1和表16-2中的数据进行思考，就能更好地理解图16-2所描述的双屏滚动技术。

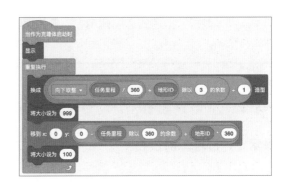

图16-5　屏幕滚动的代码

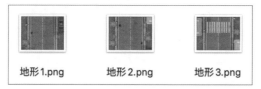

图16-6　创建克隆体和增加任务里程的代码

根据以上介绍，可以编写图16-5和图16-6的代码，用以实现双屏滚动技术。

运行资源包中的测试程序，观察屏幕变化情况，以更好地理解双屏滚动技术的实现。

测试程序： 资源包/第16章 疯狂出租车/技术探索/探索1：屏幕滚动[测试1].sb3

地形1.png　　　地形2.png　　　地形3.png

图16-7　道路地形图

图16-7将一个长幅的道路图片切割成3个小图，并按照从下到上的顺序进行编号、命名。将它们导入到"地形"角色的造型列表中，并将原有的造型删除，之后重新运行程序，就能看到屏幕滚动的效果。也可以直接运行测试程序来观察屏幕滚动效果。

测试程序： 资源包/第16章 疯狂出租车/技术探索/探索1：屏幕滚动[测试2].sb3

探索 2：出租车的操控

在实现屏幕滚动时，使用变量"任务里程"控制屏幕的滚动。当玩家操控出租车进行加速或减速操作时，"任务里程"变量的值会修改，从而达到控制屏幕滚动的目的。

图16-8的程序允许玩家通过键盘上的向上键和向下键控制出租车的行驶速度，从而影响"任务里程"变量的值，进而控制屏幕滚动。在"汽车前进"自制积木中，对出租车的行驶速度进行限制处理，使之只在-15到15之间变化。

在玩家操控出租车前进的过程中，需要能够向左或向右"转弯"，以便不断地避开前方行驶的车辆。在"疯狂出租车"游戏项目中，出租车在垂直方向是不需要移动的，因此实现"转弯"功能时，只需要改变其x坐标即可。同时，为了显示"转弯"的效果，在改变x坐标时让出租车向左或向右转5度，之后恢复为0度方向。

图16-9的程序允许玩家通过键盘上的向左键和向右键控制出租车"转弯"。在"左右移动"自制积木中，将出租车的x坐标变化范围控制在-130到130之间，使出租车只能在道路中间移动。

运行本书资源包中提供的测试程序，然后通过键盘上的方向键控制出租车的前进、后退、左转和右转。

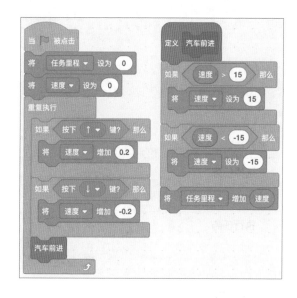

图16-8 玩家控制汽车进退的代码

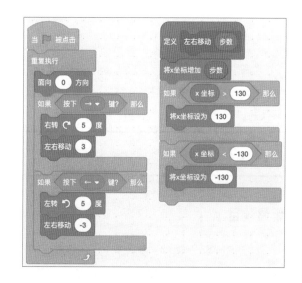

图16-9 玩家控制汽车转弯的代码

 测试程序： 资源包/第16章 疯狂出租车/技术探索/探索2：出租车的操控.sb3

项目制作

经过前面的技术探索，现在可以开始制作"疯狂出租车"项目。图16-10是"疯狂出租车"项目的功能结构图，描述了该项目使用的各个角色及其主要功能，可以据此进行项目的制作。

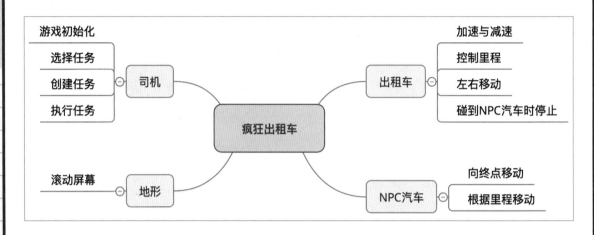

图16-10 "疯狂出租车"项目的功能结构图

为了降低制作难度，这里先制作一个简单的关卡任务版本，然后在"知识扩展"栏目中介绍如何制作游戏框架，最后由读者将两者整合为一个带框架的完整版本。以下是简单的关卡任务版本，可以先进行试玩体验，然后再开始制作项目。

 项目路径： 资源包/第16章 疯狂出租车/疯狂出租车[完成版].sb3

新建项目

启动Scratch软件，删除新项目中默认创建的小猫角色，然后将新项目以"疯狂出租车.sb3"的文件名保存到本地磁盘上。

 项目素材路径： 资源包/第16章 疯狂出租车/素材

添加角色

从本地磁盘上的素材文件夹中依次选择司机、地形、出租车、NPC汽车等角色的图片上传到Scratch项目中以创建对应的角色，如图16-11所示。

地形角色有3个造型，需要全部选择使用，并且要保证在造型列表中的顺序为：地形1、地形2、地形3，如图16-12所示。

NPC汽车角色有11个造型，它们在造型列表中的顺序没有要求，在程序中将随机选择使用这些造型，如图16-13所示。

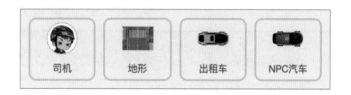

图16-11 "疯狂出租车"项目的角色列表

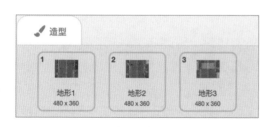

图16-12 地形角色的造型列表

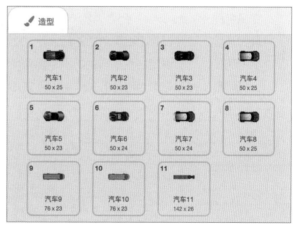

图16-13 NPC汽车角色的造型列表

读者也可以在本书资源包中找到项目文件"疯狂出租车[模板].sb3"，并在该项目文件的基础上编写代码。

 本项目模板路径： 资源包/第16章 疯狂出租车/疯狂出租车[模板].sb3

编写代码

准备好项目中需要的各角色及其造型之后，就可以为各个角色编写代码了。

1. 编写"司机"角色的代码

在"疯狂出租车"项目中，项目的主程序放在司机角色中，该项目共设计有3个任务关卡，每个任务关卡的难度由任务里程、NPC汽车数量构成。

 小知识： NPC，即非玩家角色（Non-Player Character），指的是游戏中不受玩家控制的游戏角色。这个概念最早应用在单机游戏，后来逐渐被应用到其他游戏领域。

切换到司机角色的代码区编写代码，实现游戏初始化、选择任务、创建任务、执行任务等功能。在编写代码之前，先创建表16-3的一些全局变量。

表 16-3 "疯狂出租车"项目中的全局变量

变量名称	描述
最大速度	设定出租车角色的最大行驶速度，其值为15
水平速度	设定出租车角色的水平移动速度，其值为3
任务里程	记录当前任务关卡中出租车角色的行驶里程，初始值为0
速度	记录当前任务关卡中出租车角色的行驶速度，初始值为0
任务号	当前任务关卡号，其值为1、2、3
任务状态	当前任务的执行状态：0是任务未开始，1是任务执行中，2是任务成功，3是任务失败
NPC数量	当前任务关卡中的NPC汽车数量
任务终点	当前任务关卡中出租车角色行驶终点的距离
完成时间	当前任务关卡的完成时间

图16-14是游戏初始化的代码。先对全局变量"最大速度"和"水平速度"赋予初始值，然后广播消息"选择任务"以进入选择任务阶段。

图16-15是选择任务关卡的代码。让玩家输入1、2、3中的一个数字作为任务号，然后广播消息"创建一个任务"以进入创建任务阶段。

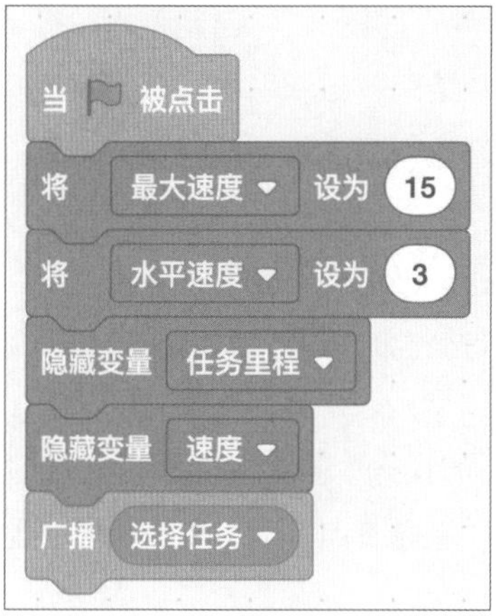

图16-14 游戏初始化

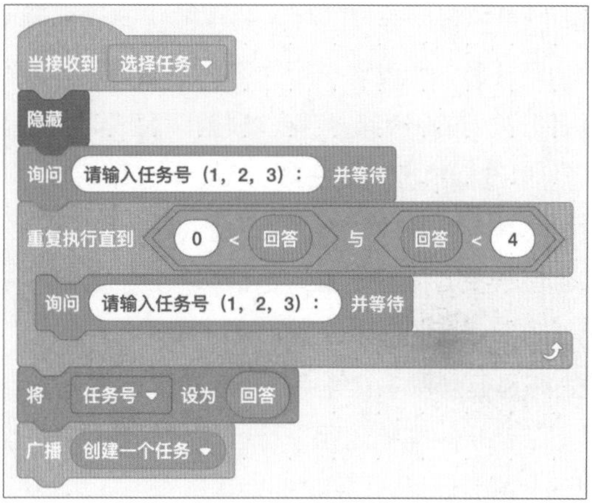

图16-15 选择任务关卡

图16-16是创建新任务的代码。先对全局变量"任务状态""速度""任务里程""NPC数量""任务终点"等进行初始化，然后广播消息"生成路上的汽车"以生成NPC汽车角色的克隆体，广播消息"任务开始"以进入任务执行阶段。

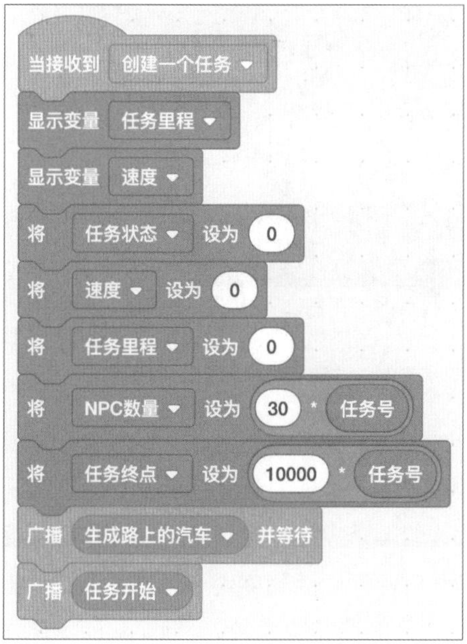

图16-16 创建新任务

图16-17 执行任务关卡

图16-17是执行所选择的任务关卡的代码。先调用"等待任务开始"自制积木，等待玩家按下向上键使当前任务关卡进入执行状态；然后调用"等待任务结束"自制积木，等待玩家将出租车驾驶到当前任务关卡的终点；接着，根据"完成时间"变量的值判断是否完成任务；最后，广播消息"选择任务"以选择执行新的任务。

图16-18是自制积木"等待任务开始"的代码。在任务开始前，让司机角色说出"请启动引擎…"以提醒玩家可以开始操控出租车角色。当玩家按下向上键时，将计时器归零以开始计时，并将"任务状态"变量的值修改为1（即任务执行中）。

图16-19是自制积木"等待任务结束"的代码。当"任务状态"变量的值为1时，就进入等待任务结束阶段。当玩家操控出租车行驶的"任务里程"超过"任务终点"时，则认为任务结束，此时将"计时器"的值记录到"完成时间"变量中。

图16-18　"等待任务开始"自制积木　　　图16-19　"等待任务结束"自制积木

2. 编写"地形"角色的代码

在"疯狂出租车"项目中，地形角色用来实现屏幕滚动功能。该角色有3个造型（见图16-12），分别是"地形1""地形2""地形3"，由一个长幅街道图分割得到，通过代码可以将3个造型拼接成无限滚动的街道背景图。在程序中，根据该角色创建两个克隆体用于呈现不同的造型，通过全局变量"任务里程"和局部变量"地形ID"计算出切换的造型编号和y坐标，从而实现屏幕滚动的效果。

切换到地形角色的代码区，编写图16-20到图16-22的代码，以实现屏幕滚动功能。请阅读本章"探索1：屏幕滚动技术"的内容，以了解屏幕滚动技术的实现方法。

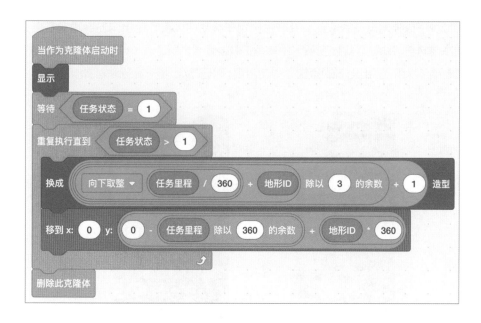

图16-20　实现屏幕滚动的克隆体

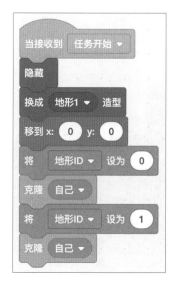

图16-21　创建两个克隆体　　图16-22　"移到x,y"自制积木

3. 编写"出租车"角色的代码

切换到出租车角色的代码区，编写图16-23到图16-26的代码，实现让玩家通过键盘上的方向键操控出租车角色的功能。在"疯狂出租车"项目中，使用向上键和向下键分别控制"速度"变量值的增加和减少，以控制屏幕的滚动，并产生出租车移动的效果；使用向左键和向右键分别控制出租车角色向左或向右移动，以实现在行进中转弯的功能。

请阅读本章"探索2：出租车的操控"中的内容，以了解出租车操控功能如何实现。

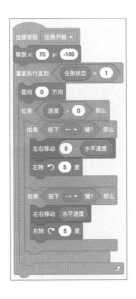

图16-23　控制出租车左右移动

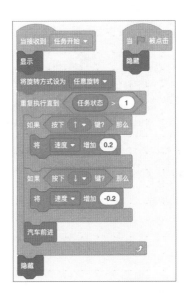

图16-24　控制出租车前进和后退

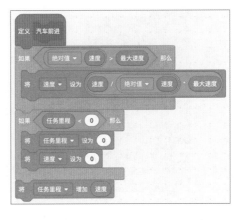

图16-25　"左右移动"自制积木　　　　图16-26　"汽车前进"自制积木

4. 编写"NPC汽车"角色的代码

切换到NPC汽车角色的代码区编写代码，实现批量生成NPC汽车（克隆体）并控制它们自由行驶的功能。

图16-27是使用克隆方法批量生成NPC汽车的代码。通过全局变量控制生成的克隆体的总数。当克隆体启动时，先调用"NPC汽车初始化"自制积木对克隆体进行一些初始化操作，然后等待全局变量"任务状态"的值变为1时才允许克隆体移动（在街道上行驶）。

在编写代码前，先创建局部变量"小车的速度""小车的里程""车距"，作为NPC汽车克隆体的私有变量，用以控制NPC汽车的行驶。根据出租车角色的"任务里程"和NPC汽车克隆体的"小车里程"计算出两者之间的车距，然后调用自制积木"调整汽车状态"来显示或隐藏NPC汽车克隆体。当NPC汽车克隆体到达当前任务关卡的终点时，则将其删除。

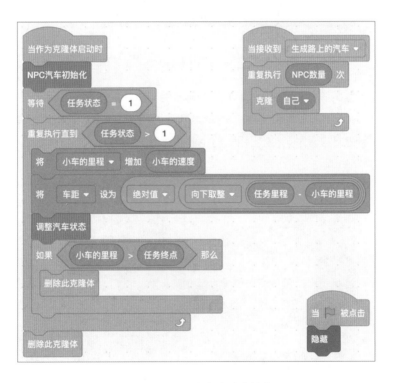

图16-27　NPC汽车克隆体的代码

图16-28是自制积木"NPC汽车初始化"的代码。当NPC汽车克隆体被创建后会进行一些初始化操作，如使其面向0度方向、随机选择汽车造型、设定小车的里程、小车的坐标和速度等。

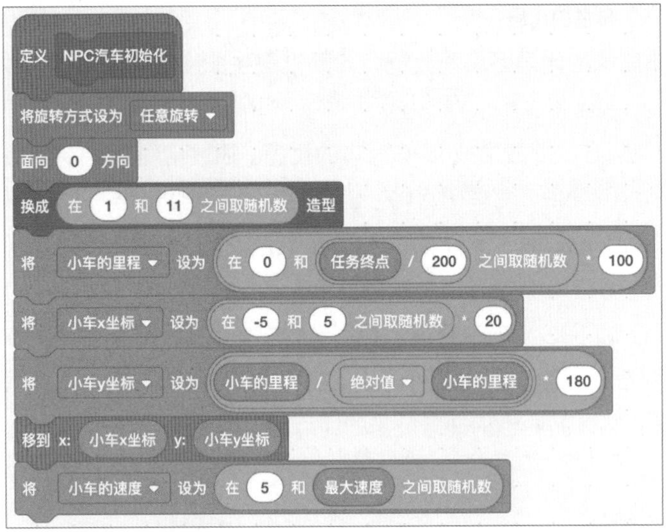

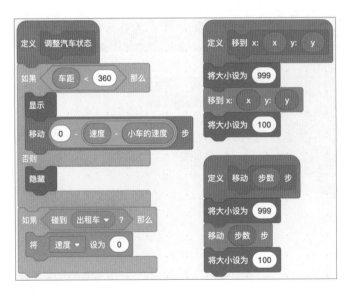

图16-28 "NPC汽车初始化"自制积木

在自制积木"调整汽车状态"中，通过判断与出租车角色的车距来显示或隐藏NPC汽车克隆体。当NPC汽车克隆体出现在舞台上时，控制其向前行驶。当NPC汽车克隆体碰到出租车角色时，则修改"速度"变量的值为0，使出租车角色停止行驶，如图16-29所示。

图16-29 "调整汽车状态"、"移到x:…,y:…"和"移动…步"自制积木

运行程序

单击  按钮运行项目，观看自己的创作成果吧！也可以分享给小伙伴一起玩哦！

知识扩展

制作游戏框架

一个完整的游戏作品，通常包括封面、主菜单、关卡选择、游戏场景、设置选项等界面部分。在游戏过程中，游戏界面会随着游戏状态的改变而发生跳转，并且这种跳转是非线性的。在编程中，通常采用游戏状态机系统来实现。状态机系统在游戏开发中的应用非常普遍，是游戏引擎不可或缺的一个核心部件。接下来，将完善前面制作的"疯狂出租车"游戏项目，为其添加一个基本的游戏框架。

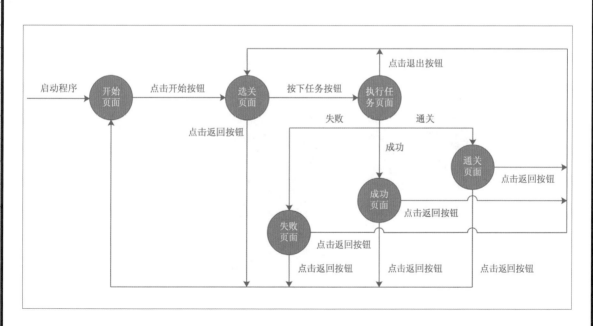

图16-30 "疯狂出租车"框架的页面跳转图

玩家在游戏过程中的操作会改变任务状态，使得游戏页面在开始页面、选关页面、执行任务页面、失败页面、成功页面、通关页面6个页面之间发生跳转，如图16-30所示。任务状态有6种值，分别用数字表示：0是任务未开始、1是任务执行中、2是任务成功、3是任务失败、4是游戏通关、5是任务中止。

为了简化制作过程，可以直接在项目模板文件的基础上编写代码，省去添加背景、角色等方面的工作。在本书提供的资源包中找到项目模板文件"游戏框架[模板].sb3"，然后在它的基础上编写"疯狂出租车"游戏框架的代码。

 项目模板路径： 资源包/第16章 疯狂出租车/知识扩展/游戏框架[模板].sb3

1. 编写"司机"角色的代码

切换到司机角色的代码区，编写图16-31到图16-33的代码。当单击 ▌按钮运行项目后，广播"进入开始页面"的消息以显示游戏的开始页面。然后，在开始页面中单击 "开始"按钮进入选择任务关卡的页面。单击任务按钮选择某个已解锁的任务关卡，将会创建一个新任务，并等待任务执行完毕。之后，根据变量"完成时间"和"任务号"设定变量"任务状态"，并跳转到相应的页面。

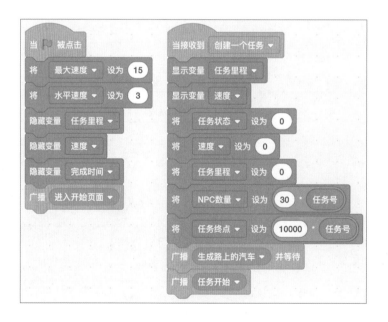

图16-31　司机角色的代码（1）

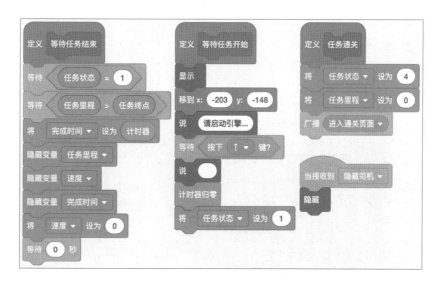

图16-32 司机角色的代码（2）

图16-33 司机角色的代码（3）

提示： 创建一个可全局使用的名为"任务"的列表，用于存放各个任务关卡的解锁信息（0为未解锁、1为解锁）。

2. 编写"地形"角色的代码

切换到地形角色的代码区,编写图16-34的代码。在这里,地形角色的代码被简化,仅用于显示一个街道地形图,不支持屏幕滚动功能。在游戏框架测试完毕之后,可参考前面制作的"疯狂出租车"项目,添加完整的"地形"角色的代码。

图16-34　地形角色的代码

3. 编写开始按钮角色的代码

切换到开始按钮角色的代码区,编写图16-35的代码。开始按钮是一个双态按钮,默认为灰色,当鼠标指针移到按钮上面时会显示成蓝色。当用鼠标单击该按钮时,将会广播"进入选关页面"的消息以显示游戏的开始页面。

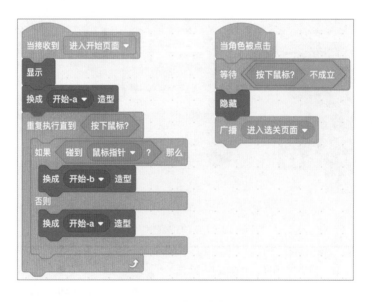

图16-35　开始按钮角色的代码

4. 编写任务按钮角色的代码

切换到任务按钮角色的代码区，编写图16-36到图16-38的代码。在选关页面中，会显示9个任务按钮，用以启动9个不同的关卡任务，显示效果如图16-1（b）所示。在该角色的代码中，使用克隆方式生成9个按照3行3列分布的任务按钮。默认第1个任务按钮处于解锁状态，显示数字1；其余按钮显示问号"？"，以表明尚未解锁。当某个任务按钮被单击后，将广播"创建一个任务"的消息以执行相应的关卡任务。

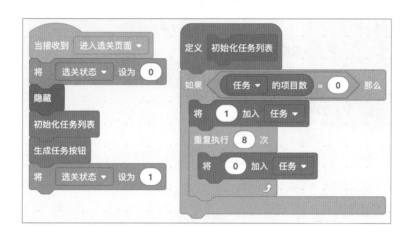

图16-36　任务按钮角色的代码（1）

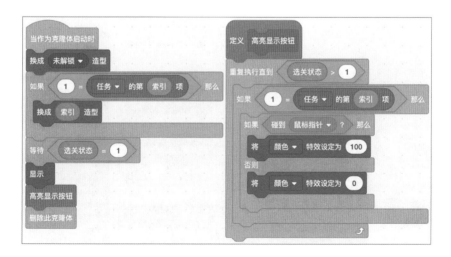

图16-37　任务按钮角色的代码（2）

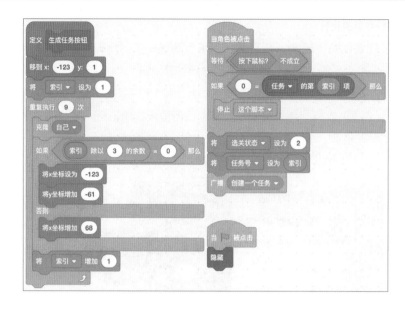

图16-38　任务按钮角色的代码（3）

5. 编写返回按钮角色的代码

切换到返回按钮角色的代码区，编写图16-39到图16-40的代码。当进入到选关页面、失败页面、成功页面和通关页面时都会显示"返回"按钮，单击它将会广播"进入开始页面"的消息以显示开始页面。

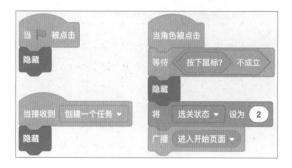

图16-39　返回按钮角色的代码（1）

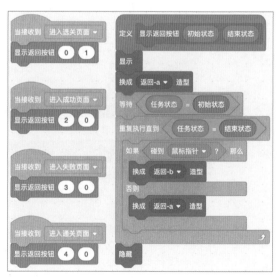

图16-40　返回按钮角色的代码（2）

6. 编写选关按钮角色的代码

切换到选关按钮角色的代码区，编写图16-41到图16-42的代码。当进入到失败页面、成功页面和通关页面时都会显示"选关"按钮，单击它将会广播"进入选关页面"的消息以显示选关页面。

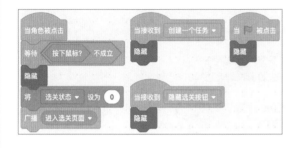

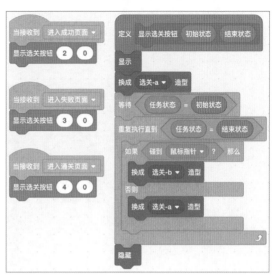

图16-41　选关按钮角色的代码（1）　　　　　图16-42　选关按钮角色的代码（2）

7. 编写退出按钮角色的代码

切换到退出按钮角色的代码区，编写图16-43的代码。当选择的任务关卡开始执行之后，在舞台右下角位置会显示"退出"按钮，单击它将会退出当前任务关卡，并返回到选关页面。

图16-43　退出按钮角色的代码

8. 编写成功按钮角色的代码

切换到成功按钮角色的代码区，编写图16-44的代码。该按钮角色用于测试任务成功的情况，单击它即可让当前任务成功完成。游戏框架测试完毕之后，可以将该按钮角色删除。

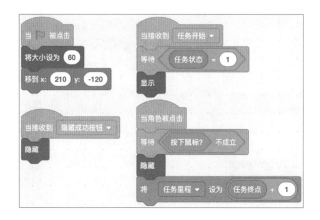

图16-44　成功按钮角色的代码

9. 编写失败按钮角色的代码

切换到失败按钮角色的代码区，编写图16-45的代码。该按钮角色用于测试任务失败的情况，单击它即可让当前任务因失败而结束。游戏框架测试完毕之后，可以将该按钮角色删除。

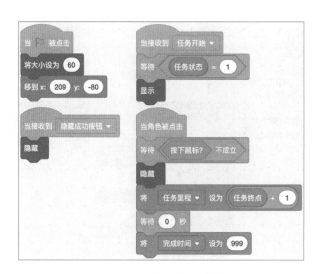

图16-45　失败按钮角色的代码

10. 编写舞台的代码

切换到舞台的代码区，编写图16-46到图16-47的代码。当进入到开始页面、选关页面、失败页面、成功页面和通关页面时，需要将舞台切换为相应的背景，显示或隐藏变量显示器、按钮角色等。

图16-46　舞台的代码（1）

到这里，游戏框架编写完毕，单击 ▶ 按钮运行程序，对游戏框架程序进行测试。测试通过之后，可以尝试将游戏框架程序与前面制作的"疯狂出租车"项目程序整合到一起，使之成为一个功能完整的赛车游戏项目。

世上无难事，只怕有心人。整合程序的过程可能会遇到不少问题，但只要有耐心和细心，就一定能解决问题。相信通过这个项目的实践，你的编程水平会更上一层楼。祝你成功！

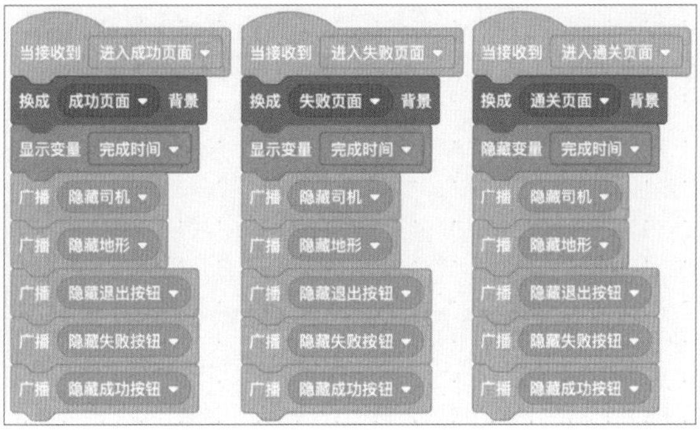

图16-47　舞台的代码（2）

Note

—— 读书笔记 ——

Note 1　　　Date _____

○

○

○

○

○

○

Note 2　　　Date _____

○

○

○

○

○

Note 3　　　Date _____

○

○

○

○

○